JN436785

一般化學實驗法

理學博士 李吉相

東　明　社

머 리 말

화학 교육에 "이론이 지도하고 실험이 결정한다."는 말이 있듯이 과학 교육의 진흥을 목표로 삼고 있는 오늘날의 교육에서는 무엇보다 중요한 것은 실험 교육일 것이다. 오늘날의 추세를 보아 화학 교육에 실험을 중요시하게 된 것은 대단히 뜻있는 일이라 하겠다. 그러나 실제 문제로 일선에 있는 화학 교수들은, 실험 시간의 부족, 실험 학생수가 너무 많아 지도의 불충분, 학교 실험실의 기구와 시약의 미비 등으로 학생 실험을 조직적으로 지도하기에 너무나도 많은 애로를 느끼고 있는 형편이다.

그러므로 저자는 될 수 있는 한, 학생 스스로 실험할 수 있도록 처음에 준비 지식을 충분히 설명하여, 바쁜 교수님의 지도를 채 받지 못하더라도 안전하게 실험할 수 있도록 하였으며, 다음으로는 학생으로서 꼭 익혀 두어야 할 실험만을 골라서 스스로 준비 사항을 읽고 준비하여 실험을 해 볼 수 있도록 하였다. 끝으로 이 실험한 결과를 정확하고 자세하게 관찰한 후, 교과서에서 배운 이론을 바탕으로 하여 문제를 풀어 지도 교수께 직접 제출하여 그 잘못된 점을 정정해 받도록 해 보았다.

학생 제군은 시간적이나 경제적으로 제약이 많을 줄 알지만, 다음의 사실에 유의하고 실험을 하기 바란다.

1. 실험의 기초 사항을 꼭 읽을 것.
2. 위험성 있는 실험에 대한 주의를 꼭 알아 둘 것.
3. 실험을 시작하기 전에 반드시 그 실험의 목적을 이해할 것.
4. 준비 사항을 읽고, 모든 준비가 된다음 실험을 시작할 것.
5. 실험 보고와 연습 문제를 통하여 화학의 기본 지식을 하나씩 정리해 둘 것.

물론 이 책의 내용이나 지도 방법이 완전 무결하지 못할 것이며, 또한 추리나 지도 방법에도 다소 잘못된 점이 있을지 모르겠으나, 앞으로 학생 제군이 화학 실험의 연구를 시작하는데 반드시 도움이되어 얻는 지식이 많을 것으로 확신한다. 단, 한 가지 이 화학 실험서를 통하여 학생 제군의 지식을 정리할 수 있고, 화학을 이해하는 데 밑받침이 될 수 있는 것만은 명확한 일이므로, 꾸준한 노력으로 끝장까지 실험을 마쳐 주기 바란다.

이 실험서의 내용이 학생 제군의 연구 발표에까지 인용되기를 비는 마음 간절하다.

저 자 씀

차 례

1부 예비편

2부 실험편

3부 부록편

1부 예 비 편

1장 실험실에서의 유의 사항

§1. 실험실에서의 사고와 그 방지 및 처치법

화학 실험실에서 가장 무서운 것은 **화재**이다. 거의 대부분의 실험은 가열(加熱)하므로 항상 불에 대한 조심이 필요하다. 100°C까지의 온도는 대충 물을 끓여서 사용하면 되지만, 100°C 이상의 온도는 기름을 사용하는 때가 많다. 그래서 잘못하면 기름통에 불이 붙는 수가 많으므로 주의해야 한다. 기름에 불이 붙어서 탈 때에는 그을음이 많이 생기게 마련인데, 이 때는 사염화탄소로써 불을 끄는 것이 가장 좋다.

에테르 같은 것을 증류할 때 가장 많이 생기는 사고도 역시 화재이다. 그러므로 에테르를 증류할 때에도 불 끄는 소화 장치를 옆에다 미리 준비해 두는 것이 좋다. 유기물에는 불붙기 쉬운 인화성 물질이 많으므로 특히 주의해야 한다.

무기물에도 금속 가루 등은 일반적으로 환원성(還元性)이 강하여 공기와 접촉하면 발화하는 것이 있는데, 황린(黃燐)이 가장 위험하고, 적린(赤燐)이나 황 같은 것도 조심해야 한다. 하이드라진, 하이드록실 같은 것도 대단히 불안정하므로, 급속히 가열하여서는 안 된다. 또한 산소산류나 과산화물(過酸化物) 같은 것도 가열할 때 산소를 많이 방출하므로 조연제(助燃劑)의 구실을 할 수 있다.

일반적으로 불(火)하면 제일 먼저 물(水)부터 생각하겠지만, 기름이나 에테르 같은 것에 불이 붙을 때에 물을 사용해서는 안 되며, 모래나 옷 같은 것으로 둘러 씌워야 한다.

때로는 물을 씀으로써 불이 발생하는 것도 있다. 나트륨, 칼륨 같은 금속은 물과 작용하면 굉장히 많은 열을 내면서 타므로, 주위에 가연성(可燃性) 물질이 있을 때에는 조심해야 한다. 그러므로 이런 것은 석유병 속에 넣고 보존하게 마련인데, 만일 석유병이 깨어져서 물과 접촉하게 되면 화재가 생길 우려가 많다. 또한 오산화인, 오염화인, 옥시염화인, 염화알루미늄 등도 물과 접촉되지 않도록 주의해야 한다. 그리고, 진한 황산은 물과 작용하면 대단히 심한 열을 내므로 황산을 취급할 때에는 더욱 조심해야 하며, 만일 황산이 몸에 묻었을 때는 탄산수소나트륨, 석회수, 비눗물 등으로 빨리 씻어야 한다.

다음으로 주의해야 할 점은 **독성(毒性)이 있는 기체**이다. 황화수소는 실험실에서 가장 많이 취급하는 기체인데, 이 기체는 독성이 심하여 오랫동안 호흡하면 때로는 실신하여 넘어지는 수가 많다.

일산화탄소, 할로겐, 질산, 산화질소, 시안화수소, 이산화탄소, 이황화탄소, 메틸알코올 등의 중독은 우선 급한 대로 신선한 공기든지 산소를 호흡해야 한다.

염소, 브롬, 요오드 등과 같은 할로겐으로 목구멍이나 기관지 등이 침해되었을 때는, 알코올에 약간의 에테르를 섞어 넣어 호흡하면 호흡이 편하게 된다. 술을 약간 마시거나 뜨거운 코오피를 마셔도 효과가 있을 때가 있다.

아황산가스(이산화황)에는 탄산수소나트륨이 좋다. 비화수소 혹은 인화수소나 적린 등으로 나쁘게 된 외피(外皮)는 과망간산칼륨액으로 씻은 다음에 다시 옥살산액으로 씻으면 된다. 황린으로 더럽게 된 것은 질산은 용액에 테르핀을 약간 가해 준 것으로 씻고, 다음에 표백분, 탄산암모늄, 암모니아 등의 묽은액으로 씻는다.

일반적으로 몸에 묻은 **산이나 알칼리**를 씻을 때는 반대로 묽은 약알칼리나 약산(弱酸)으로 씻는다. 예컨대 염기성 물질을 중화하는 데에는 초, 레몬즙, 붕산 등을 사용하며, 산성 물질을 중화하는 데에는 암모니아나 탄산소오다, 탄산칼륨, 비눗물 등을 쓴다. 탄산수소나트륨은 양쪽에 모두 쓸 수 있다.

다음으로는 **유리 기구의 파손**으로 생기는 사고이다. 그러므로 유리 기구를 취급할 때는 특별히 '깨어지지 않을까?' 하는 주의가 필요하다. 그러므로 실험실에서는 항상 조심하고 실험의 정확성 및 능률의 증진, 사고의 방지 등을 늘 기억하여야 한다. 따라서 전날 밤의 수면 부족이라든지 피곤이라든지 하는 것이 가장 나쁘다. 항상 마음의 자세를 바로 가지고 사소한 데까지 신경을 써야 한다.

또 한 가지 불의의 사고는 **폭발**이다. 화학에 대한 기초 지식이 없어서 약품을 잘못 취급하면 폭발하기 쉽다. 예컨대 암모니아에 염소, 브롬, 요오드, 산화은, 질산은, 염화금, 아세틸렌, 산화질소, 염소산칼륨 등을 혼합하면 폭발적으로 화합하므로 대단히 위험하다.

유기물이나 탄소가루 또는 황가루를 섞을 때 폭발이 일어날 염려가 있는 것은 액체공기, 백금흑, 과산화나트륨, 과산화수소, 염소산염, 과염소산염, 발연질산, 과망간산칼륨, 중크롬산 등이다. 또한 알루미늄가루, 아연가루, 마그네슘, 황, 인 등과 혼합할 때 폭발할 가능성이 있는 약품은 염소, 브롬, 과망간산칼륨, 중크롬산칼륨, 염소산염, 과산화물, 산화은, 산화수은 등이다. 그리고, 가연성 가스와 공기, 설탕, 전분 또는 탄소가루 같은 것이 섞여 있는 것을 모르고 점화(點火) 또는 방전(放電)하면 굉장히 위험하다. 그러므로 화학 반응을 시킬 때에는 처음에 극히 소량으로, 극히 묽은 용액으로, 되도록 천천히, 또한 될 수 있는 대로 멀리서, 사람이 없는 방향으로, 부근에 위험물이 없게, 불이 나더라도 곧 소화(消火)시킬 수 있게끔 만반의 주의를 해 가지고 시작하는 것이 가장 좋은 방법이다. 될 수 있으면 실험실 안에 응급 처치할 수 있는 다음과 같은 약품을 넣어 두는 장을 만들어 두는 것이 좋다.

① 탄산수소나트륨(눈을 씻을 때는 약 3%) ② 붕산수(눈을 씻을 때는 약 2%)
③ 요오드팅크 ④ 머큐로크롬 ⑤ 소독용 알코올 ⑥ 올리브유 ⑦ 와셀린 ⑧ 비누
⑨ 탈지면 ⑩ 붕대 및 헝겊

§2. 실험실에서의 주의 사항

실험실에는 실험대, 가스, 수도, 싱크, 전원 등의 설비가 되어 있는데, 무엇보다 이들 시설의 정돈과 청결이 중요하다. 자기가 쓰는 실험실의 시설이 잘 정돈되지 않았거나 깨끗하

지 못할 때는 대개 그 실험은 실패한다. 그러므로, 항상 정돈하고 깨끗하게 한다는 마음을 가져야 한다.

또, 학생들의 실험은 자기 혼자서 하는 것이 아니고 다른 사람과 같이 공동으로 하는 것이므로, 말하자면 공중 도덕을 지켜야 한다. 실험실 안에서 노래를 부르거나 잡담을 하며, 큰 소리로 고함을 지르는 등의 행동은 극히 삼가야 한다.

그리고, 악취나 독한 가스가 발생되는 반응은 반드시 통풍실 안에서 행하여 다른 사람에게 폐를 끼치지 말아야 한다.

실험은 될 수 있는 대로 혼자서 하지 말고 친구와 같이 하는 것이 좋다. 어떤 위급한 사고가 생겼을 때, 본인은 항상 당황하게 되므로 옆에 있는 친구의 도움이 필요하다.

실험법은 실험실에 들어오기 전에 미리 잘 읽고, 자기가 하는 실험의 원리, 목적, 반응식 등을 이해하여, 기계적으로 일하지 않아야 사고도 방지할 수 있을 뿐만 아니라, 화학의 기초적 지식을 얻는 데도 큰 도움이 된다.

실험이 끝난 다음에는 자기 실험대와 기구, 시약병 등을 다시 깨끗이 정돈하고, 실험대를 청결하게 닦고, 수도 꼭지, 가스 꼭지, 전기 스위치 등을 다시 한 번 조사한 다음에 실험실을 조용히 떠난다.

실험은 시작하기 전에 모든 것을 정리 정돈하는 것도 중요하지만, 그보다 더 중요한 것은 실험을 다 끝낸 다음이다. 실험을 끝내면 곧 다음 실험을 위하여 모든 것을 준비해 두는 마음의 여유가 필요하며, 밤새도록 수도물이 흘러 내린다거나, 가스 꼭지를 정확히 잠그지 않아서 실험실 안에 가스가 스며 나온다거나, 전기 스위치를 끄지 않아 밤새도록 전류가 너무 흘러서 파열이 된다든지 하는 것은, 모두 실험 후의 처리를 소홀히 한 까닭인데, 이 때문에 뜻하지 않은 사고가 많이 생긴다.

2장 유리 기구 다루기

§1. 분젠 버어너 다루기

그림-1은 보통 많이 쓰는 분젠 버어너이다. B에 고무관을 끼우고, 그 고무관을 가스통에 연결한다. A를 회전시켜 가스의 양을 조절한다. B를 통하여 들어오는 가스는 통 C를 거쳐 위로 올라간다. 통 C의 밑쪽 바깥은 통 D가 이중으로 싸여 있는데, 여기에 공기 구멍 E′가 있다. E와 E′를 일치시키면 공기가 들어가고, E′를 돌려 E를 차단시키면 공기는 전혀 들어가지 못하게 되어 있다. A로써 가스의 양을 조절하고, E′로써 공기의 양을 조절해 주면 자기가 원하는 대로의 불꽃을 얻을 수 있게 된다.

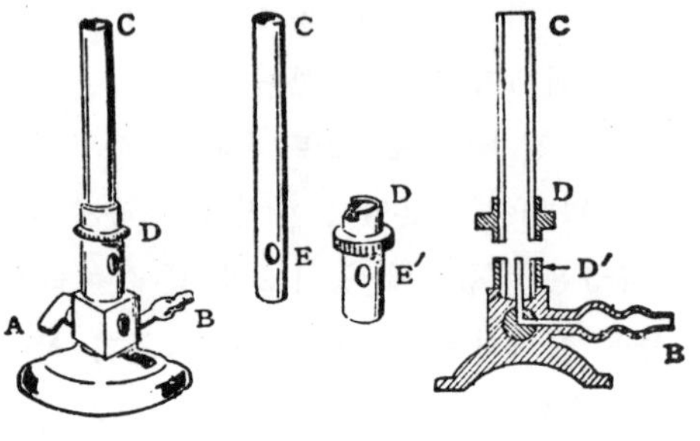

그림-1. 분젠 버어너

가스에 불을 붙일 때는 먼저 성냥을 긋고, 다음에 버어너의 콕을 열어 불을 붙인다. 이 때 공기 구멍이 열려 있을 때는 가스가 너무 세게 나와서 그 바람에 성냥불이 꺼지는 수가 있으므로, 불을 붙일 때는 공기 구멍을 닫아야 한다.

이 때의 불꽃은 좀 노란 빛깔이며, 그 불꽃에는 탄소 입자가 많이 존재한다. 그래서 이 불꽃으로 기물을 가열하면 그 기물 밑바닥에 그을음이 묻어 나오게 되며, 또한 불꽃은 약하다. 그러므로 가스에 불을 붙인 다음에는 곧 공기 구멍을 조절하여 불꽃의 노란 빛깔이 없어지고 약간 푸른 빛깔이 생기도록 한다. 이런 불꽃으로는 시험관의 액을 가열하기가 퍽 좋다. 다시 공기 구멍을 더 열어 공기를 많이 넣어 주면, 아주 강한 불꽃을 얻을 수 있다. 이 때의 불꽃은 청록색의 내염(內炎)과 약간 청자색으로 되어 있으면서 거의 빛깔이 없는 외염(外炎)이 겹친 불꽃이다. 이 불꽃은 그림-2와 같은 온도로 되어 있고, 그 화력(火力)이 매우 강하므로 도가니 같은 것을 가열하기에 알맞다.

버어너의 사용이 끝난 다음, 절대로 입으로 불어서 불꽃을 꺼서는 안 된다. 반드시 버어너의 콕을 잠가서 불을 끄고, 가스통의 콕도 확실히 잠근다.

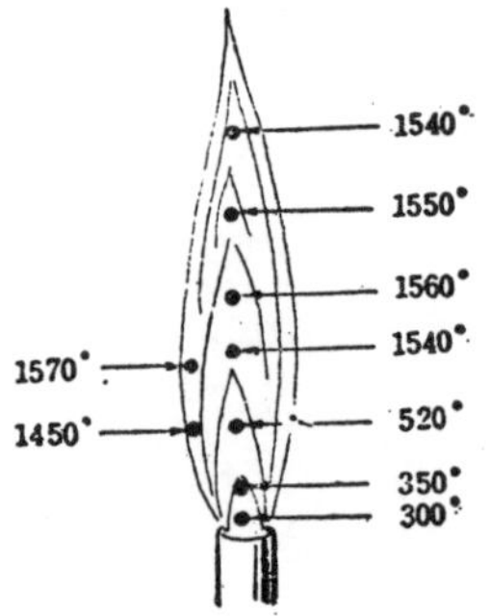

그림-2. 불꽃의 온도

가스량에 비해 공기량이 많을 때는 가벼운 폭발이 일어나면서 불꽃이 꺼질 때가 있다. 때로는 불꽃이 통 안으로 들어가서 밑쪽의 분출구에서 불이 타는 수가 있다. 이럴 때는 통 위쪽의 불은 꺼지므로, 다시 성냥불을 대어 주어도 불이 붙지 않는다. 이렇게 되면 버어너가 가열되어 쥘 수도 없을 정도로 뜨거워지며, 고무관이 타게 된다. 이럴 때에는 가스통의 콕을 잠그고 불을 끈 다음, 버어너가 완전히 식은 후에 공기 구멍을 닫고 새로 불을 붙인다.

유리 세공을 할 때나 머풀로(爐)를 사용할 때, 오랫동안 강한 열을 사용하고 있으면 버어너 주위에 있는 책상이 타게 되는 수가 있으므로, 실험을 시작하기 전에 버어너 밑에다 석면 같은 것을 깔아 두든지, 아니면 벽돌 같은 것을 깔고 그 위에서 실험하는 것이 좋다.

§2. 알코올 램프

알코올 램프에는 연료 알코올을 약 80%쯤 채워 쓴다. 너무 꽉 채워 놓으면 알코올 램프를 운반하고 다닐 때 흘러넘치기 쉽고, 또 알코올 양이 너무 적으면 불을 붙일 때 폭발하거나 알코올 램프가 파열되어 잔금이 생기기도 한다. 알코올 램프를 사용하지 않을 때는 반드시 뚜껑을 덮어 둔다. 불을 붙일 때는 성냥불을 자기쪽에서 반대쪽으로 향해 이동시키면서 램프에 불을 붙인다. 그리고, 촛불을 다른 촛불에다 옮길 때와 같이 한 개의 알코올 램프불을 직접 다른 알코올 램프로 옮기면 알코올이 흘러내려서 알코올 램프 속으로 불이 옮아가므로 매우 위험하다. 또한 성냥불을 붙여도 알코올 램프에 불이 붙지 않을 때가 있다. 이것은 알코올 램프의 심지가 마른 때문이며, 때로는 탁탁 튀면서 불이 붙지 않을 때도 있다. 이것은 심지에 물이 묻어 있는 때문이다. 이럴 때는 심지를 꺼내어 알코올에 담가서 축축히 적신 다음에 사용한다.

불을 끌 때는 절대로 입으로 불지 말고 램프 뚜껑을 덮어서 끈다. 또, 사용 중에 알코올이 부족하여 알코올을 보충할 때도, 일단 불을 끈 후에 알코올을 보충한다. 불이 붙어 있는 동안에 알코올을 보충하면 폭발하거나 화재가 날 염려가 많으므로 대단히 위험하다.

§3. 유리 세공법

(1) 유리 세공 기구

그림-3. 발 풀 무

① 송풍 기구 : 발풀무를 버어너에 고무관으로 연결하고 풀무를 발로 누르면 두 개의 밸브를 통해서 고무막의 반구에 공기가 가압되어 저장된다. 고무 반구는 풀무로 연속적으로 가압되는 공기의 압력을 균일하게 해서 버어너에 보내는 구실도 겸하고 있다.

② 유리 세공 버어너 : 그림-4와 같은 것이 가장 많이 쓰인다.

버어너는 그림에 나타난 것과 같이 공기 조절용 바늘 이외는 전부 놋쇠로 만든 것이며, 나사로 맞추어져 있기 때문에 분해 소제하기가 쉽다. 오른쪽의 콕을 열면 가스는 바깥쪽 관을 통하고, 풀무로부터 고무관에 의해서 안쪽관으로 유도된 공기는 노즐에서 가스의 중심으로 세차게 분출된다. 가스의 양은 콕을 여는 데 따라서, 그리고 공기는 풀무의 밟기와 노즐과 바늘의 조절로써 조정할 수 있다. 가스 공급의 설비가 없는 곳에서는 석유 버어너를 쓴다.

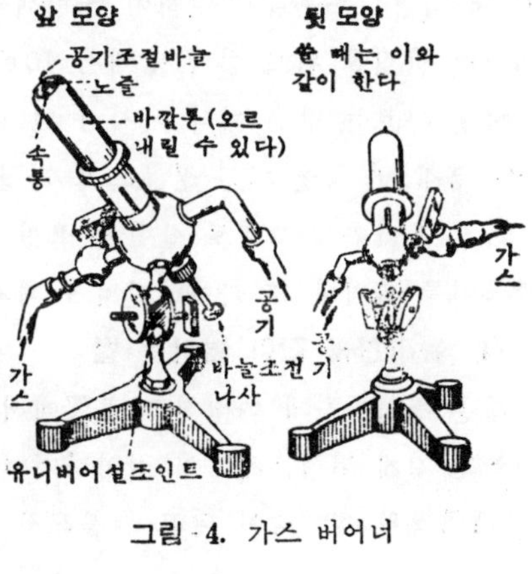

그림 4. 가스 버어너

(2) 유리관의 검사

둥글고 두께가 일정하며, 곧고 거품이나 주름살, 녹지 않은 돌 따위가 없는 것이 상품이고, 오래된 유리관은 세공 중에 터지기 쉬우므로 쓰지 않는 것이 좋다. 유리관의 질이 같지 않으면 맞붙이는 데 좋지 않으므로, 되도록 질이 균일한 좋은 유리관을 쓰도록 한다.

(3) 유리관을 자르는 법

유리관을 자르는 데는 톱날을 갈 때 쓰는 날줄칼을 쓰는데, 날이 너무 무디지 않는 것이 좋다. 줄칼은 세게 구워 낸 강철이어서 유리보다는 경도가 높으므로, 썰면 흠집이 간다. 줄칼은 유리관에 비스듬히 대고 그림-5와 같이 썰어 흠집을 낸다.

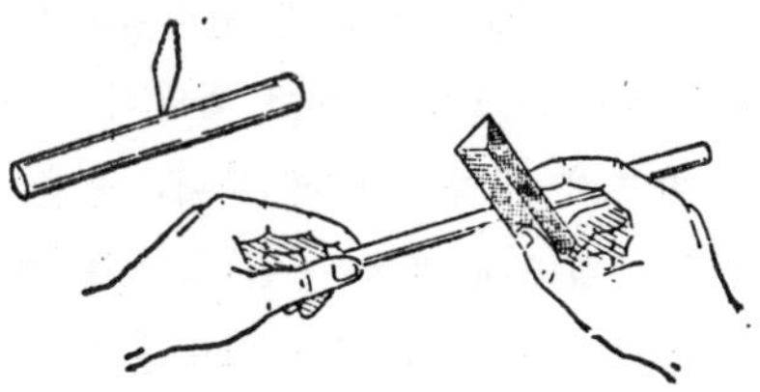

그림-5. 유리관 자르는 모양

유리관, 막대, 두꺼운 모세관 등의 지름이 15 mm 이하이고, 양쪽을 손으로 쥐고 힘을 줄 수 있을 정도로 긴 것이면, 원둘레의 $\frac{1}{4}\sim\frac{1}{5}$ 정도로 흠집을 낸 다음에 꺾어서 자른다. 이 때 흠집의 양쪽을 좌우 두 손으로 쥐고, 길게 잡아 당기는 기분으로 유리를 꺾는데, 흠집이 난 쪽을 자기몸 바깥 쪽으로 돌리고 가만히 꺾는다. 관이 짧아서 쥘 수가 없을 때는 줄칼의 흠집이 밑으로 가게 고정시켜 놓고 줄칼 등으로 가볍게 두드리거나, 양손으로 충격을 가하거나 하여 자른다.

두께가 1 mm, 바깥지름이 16 mm 이상의 굵은 관은, 자를 곳에 분필로 원둘레 전체에 표를 하고 원둘레 $\frac{1}{3}\sim\frac{1}{4}$ 정도에 줄칼로 깊은 흠집을 내어 두고, 관이나 막대를 잡아 늘여서 작은 파란 불꽃으로 끝을 가열하여 지름 2~3 mm 정도의 구슬을 만들고, 이 구슬을 빨갛게 가열한 다음에 흠집의 1~2 mm 앞쪽으로 가볍게 2~3 초씩 여러 번 눌러서 자른다.

또는 굵기 3~5 mm의 철사를 자를 물건의 원둘레에 맞추어 구부리고, 자를 관에 줄칼로 깊은 흠집을 낸 다음 철사줄을 빨갛게 가열해 가지고 가볍게 흠집에 대고 자른다. 구은 구슬로 자를 때는 몇 번이고 구은 구슬을 가열하여서 만들어야 하므로, 이 불편을 덜기 위해서 작은 불꽃으로 자르는 방법도 있다. 두께 3 mm, 바깥지름 20 mm 이상의 보통 두께의 굵은 관은 이상 팽창에 의해서 생기는 스트레인을 이용해서 자른다. 즉, 줄칼로 흠집을 깊이 내고, 이 부분을 가열하여 노랑색의 나트륨의 불꽃 빛깔이 보이면 재빨리 불꽃 밖으로 꺼내어 흠집을 위로 하여 입에서 10 cm 정도로 가까이 대고 입김을 세게 불어서 자른다.

병을 자르는 법은 여러 가지가 있지만, 병에 줄칼 흠집을 내고, 젖은 종이를 두껍게 감고, 흠집 낸 곳을 파란 불꽃으로 가열하여 자르는 것이 가장 편리하다.

자른 유리관을 그대로 실험에 쓰면 상처를 입기 쉬우므로, 불에 살짝 달구거나 줄칼로 주둥이를 썰거나 또 카아버런덤을 써서 날이 선 것을 갈아버린 다음에 사용한다.

(4) 유리관을 잡아 늘이는 법

관을 광범위하게 가열하고 불꽃에서 꺼내어 돌려가면서 수평 또는 수직으로 잡아당기면 가늘고 길게 되며, 천천히 잡아당기면 두툼하고 짧은 가는 관이 된다. 약하게 잡아당긴 것은 세공용의 회전축이 되고, 봉해서 자르면 폐쇄용 관이 된다. 여기서 중요한 것은 잡아 늘인 가는 관의 중심이 원래의 관의 것과 일치해야 하는 점이다.

비등석용 모세관을 만들려면 다음과 같이 한다. 상압용은 모세관의 한 끝을 막고, 길이는 유출구보다 조금 아래까지 닿을 정도로 한다. 비등 촉진관은 한 번 늘인 굵은 모세관을 녹여서 잡아 늘여 그 부분을 깨끗이 한 것인데, 증류액에 뜨지 않으므로 쓰기에 좋다. 감압용은 가는 관을 만들어 다시 잡아당겨 늘여서 그 끝이 흔들거릴 정도로 하여 쓴다.

(5) 유리관을 봉하는 법

가는 유리관을 봉할 때는 관 끝을 녹이면 된다. 이 때 구멍이 노즐로 막히므로, 불꽃 밖에서 슬그머니 불어서 봉한다. 굵은 관을 봉할 때는 관에다 가는 다른 유리관을 녹여 붙이고, 너무 떨어지지 않은 곳을 가열하여 잡아 늘이며, 봉해 잘라서 밑을 녹여 가만히 불면 된다.

(6) 유리관을 구부리는 법

구부리려는 유리관을 두 손으로 수평되게 쥐고, 균일하게 서서히 돌리면서 구부리려는 장소를 균일하게 가열한다. 이 때 유리관을 수평으로 좌우로 움직이면서 구부리려는 장소를 중심으로 하여 폭넓게 가열하는 것이 좋다. 유리관이 충분히 물러졌을 때, 불꽃에서 꺼내어 한번에 구부린다. 그림-6에서 (a)와 같이 구부러진 것이 좋고, (b)나 (c)와 같이 구부러진 곳이 움푹 들어가면 좋지 않다. 안쪽이 찌그러지는 경우가 많으므로, 구부릴 때는 약간 관을 불면서 다듬는 것이 좋다.

(a) (b) (c)

그림-6. 구부린 유리관

(7) 유리관에 구멍을 뚫는 법

유리관에 구멍을 뚫을 때는 그 관의 한쪽 끝을 막아 두고, 구멍을 뚫고자 하는 곳을 유리 세공용 버어너로 작은 불꽃을 만들어 세게 가열하면서 조금씩 분다. 이 때 조금씩 불어 그림-7의 (2), (3), (4), (5)의 순서로 여러 번 가열하면서 부는 것이 좋다. 부풀어 오른 부분만을 가열해서 불어 터뜨리면 드디어 구멍이 생긴다. 마지막에 구멍이 생겼을 때는 줄칼 끝을 구멍에 박아 넣고 좌우로 돌리면서 다듬어 준다. 때로는 유리관을 가열해 놓고, 여기에 끝을 가늘게 잡아 늘인 다른 유리 막대나 관을 붙이고, 그림-8과 같이 관을 잡아당겨도 된다. 이렇게 해서 생긴 구멍도 나중에 줄칼로 밀어서 손질해 준다.

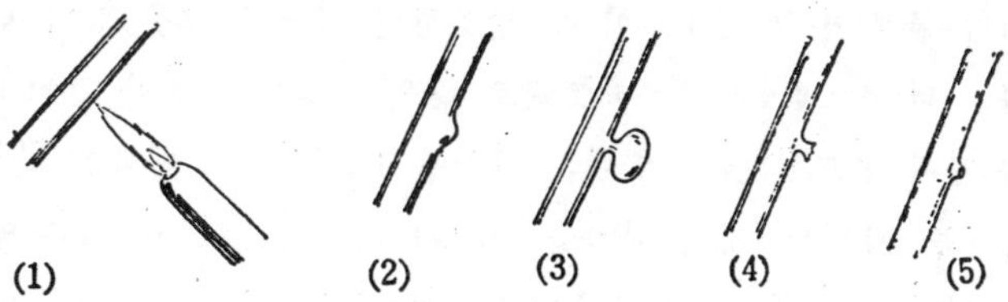

(1) (2) (3) (4) (5)

그림-7. 구멍 뚫는 방법

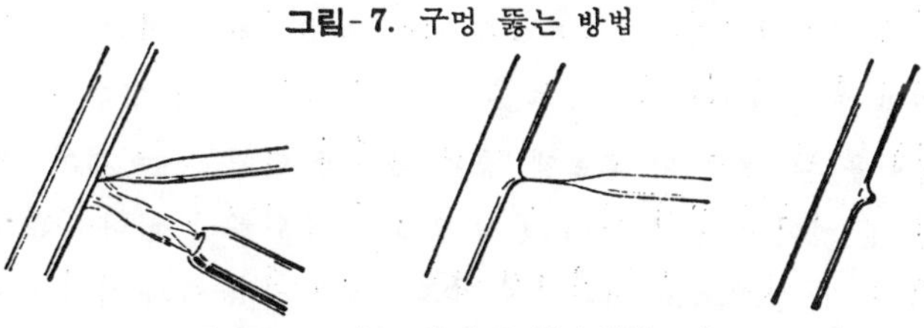

그림-8. 가는 막대로 구멍 뚫는 법

(8) 유리관을 연결하는 법

같은 굵기의 관을 연결하는 데는, 연결할 관을 잡아 늘여서 한 끝을 봉해 자르고, 한쪽을 회전축으로 하여 푸른 불꽃으로 각각 만 끝을 녹여 가볍게 밀면서 분다. 다시 작은 불꽃으로 녹이고 불꽃 밖으로 꺼내서 불어, 잡아당기면서 곧 바르게 다듬는다. 굵기가 다른 관을 연결하는 데는, 굵은 관을 잡아 늘여 융착할 가는 관의 지름에 맞춰 잘라서 융착시킨다. 관에 구멍을 뚫은 곳에 다른 관을 직각으로 연결하면 T자관이 생긴다.

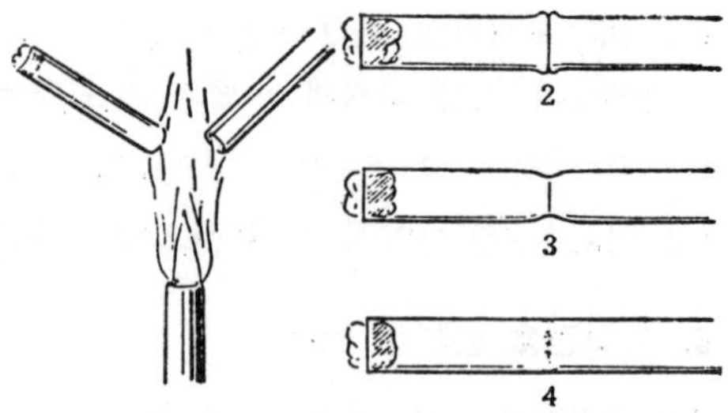

그림-9. 유리관을 연결하는 법

이 때는 구멍의 크기에 조심해야 한다. 잘못 연결하면 그림-10과 같이 연결된 곳에 구멍이 남아 있게 된다. 이렇게 되면, 녹은 유리의 표면 장력 때문에 구멍이 점점 커지며, 바람을 불어넣으면 그 구멍으로 새어 나가서 좀처럼 T자관이 형성되지 않는다.

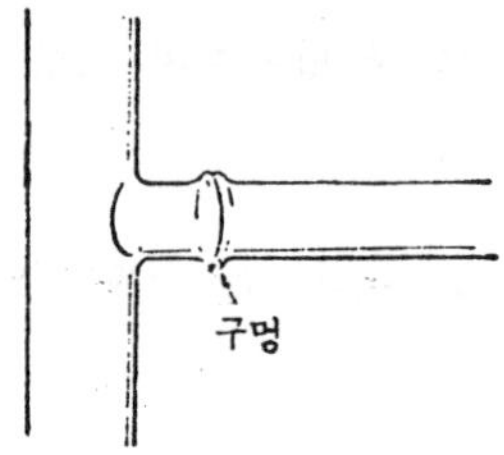

그림-10. T자관에 구멍이 생긴 것

§4. 유리 기구의 세척 및 건조법

(1) 일반적 주의

유리 기구는 얼핏 보기에는 깨끗한 것같이 보이지만 더러울 때가 많다. 유리 기구에 물을 부었다가 이것을 다시 따라 낸 후, 물이 기구 그릇 벽에 균일하게 퍼져 있으면 깨끗한 증거가 된다. 만일 어디든 물방울이 되는 곳은 그 곳에 기름기가 남아 있는 때문인데, 비단 기름기뿐만이 아니고, 산이나 알칼리가 남아 있어도 물방울이 남게 된다.

언제든지 그릇을 씻을 때는 먼저 그릇 바깥면을 씻어야 한다. 한 번 씻은 그릇의 바깥쪽엔 손의 기름이 묻어 있다. 또한 그릇 안쪽에도 기름기나 어떤 고체 물질이 묻어 있을 때가 많다. 이런 것을 씻을 때는 그릇 씻는 솔에 비누를 묻혀서 씻는다. 다음에 5~6회 가량 물로 잘 씻는데, 이 때 잘못하면 비누가 그릇 벽에 남아 있기 쉬우므로 잘 씻어야 한다. 더 잘 씻으려면, 비눗물로 씻은 다음에 크롬산 혼액으로 씻는다. 크롬산 혼액은 다음과 같이 만드는 것이 좋다. 중크롬산칼륨의 포화액을 만들고, 그 포화액 1체적에 대해, $\frac{1}{2}$~$\frac{3}{4}$ 체적의 진한 황산을 서서히 가한다. 이 때 많은 열이 생기므로 진한 황산을 조금씩 가하고 잘 냉각시키면서 조심하여 가해야 한다. 중크롬산 혼액은 적갈색으로서 염기성 물질을 중화시키며, 유기물질을 산화 분해시키는 힘이 크므로, 유리그릇에 묻은 불순물을 제거할 수가 있다. 유리그릇을 이 혼액 중에 잠시 담갔다가 꺼내고, 물로 잘 씻는다. 정밀한 실험을 할 때는 이 혼합액 중에 하룻밤 담가 두는 것이 좋다. 나중에 물로 씻을 때는 충분히 잘 씻어서 산이 남아 있지 않도록 주의해야 한다. 한 번 사용한 크롬산 혼액은 몇 번이고 쓸 수 있으므로 내버리지 말고, 다시 처음 액과 섞어 둔다. 흡습성이 강하므로 마개를 해 두는 것이 좋다. 여러 번 사용하게 되면 녹색으로 되는데, 혼액이 녹색 빛깔로 변하면 이젠 산화력이 없게 된 것이므로 내버린다. 시험관 같은 것에 무엇이 묻어 있을 때는 다음과 같이 씻으면 깨끗이 씻을 수 있다.

① 황이나 요오드 등이 묻었을 때는 약 3~4%의 수산화나트륨액을 넣고 약간 가열하면 녹아 없어진다.

② 탄산칼슘, 은, 알칼리 등이 묻었을 때는 공업용 진한 질산을 넣어 주면 녹아 없어진다.

③ 목타르 같은 것이 묻었을 때는, 수산화나트륨액과 함께 10~15분 가열한 후, 솔에다 비누를 묻혀서 씻는다.

④ 유기물, 특히 수지류가 묻었을 때는 먼저 수산화나트륨액으로 가열해 보고, 깨끗해지지 않으면 에테르를 붓고 잘 흔들어 녹여 낸다. 다음에 알코올로 씻고, 나중에 물로 씻어 주면 된다.

이렇게 잘 씻은 유리 기구를 건조시키는 데는 다음과 같은 방법을 쓴다.

(2) 자연 건조

물이 잘 빠지도록 그릇을 거꾸로 하여 방치한다. 이 때 공기 중에 먼지가 있든지, 세워 두는 데가 더러운 곳이면 좋지 않다. 시험관은 거꾸로 시험관대에 세워 두고, 플라스크 등은 그림-11과 같이 나무못을 박은 판에다 걸어 놓든지, 아니면 나무나 철사 줄로 간막이를 만들고 이 사이에다 그릇을 거꾸로 세워 두는 것이 좋다.

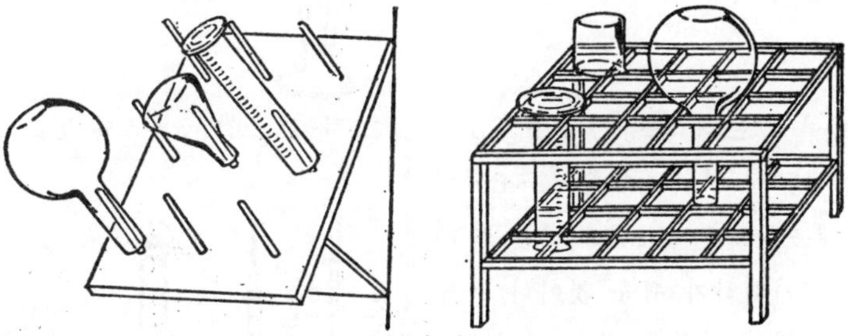

그림-11. 유리 그릇 세우는 장치

(3) 가열 건조

건조시키려고 하는 것을 직접 전열기나 버어너로 가열하든지, 공기욕 속에 넣어 두면 빨리 건조된다. 그러므로, 실험실에 건조기를 마련해 두고 항상 가열하여 더운 공기욕을 만들어 놓는 것이 퍽 편리하다. 건조기에는 공기 건조기, 증기 건조기, 전기 건조기 등이 있는데, 어느 것이나 적당히 가열해서 물기를 제거할 수 있으며, 간단하고 능률적이다.

플라스크 같은 것을 빨리 건조시키려면, 건조기에서 대충 물기를 말린 다음, 그림-12와 같이 아스피레이터로 플라스크 속의 공기를 흡인해 주면서 밑을 가열하면 된다. 이 때 플라스크를 좌우로 돌려 가면서 가열한다. 수분이 전부 증발한 후에도 그릇이 완전히 냉각될 때까지 아스피레이터로 공기를 흡인해 주는 것이 좋다.

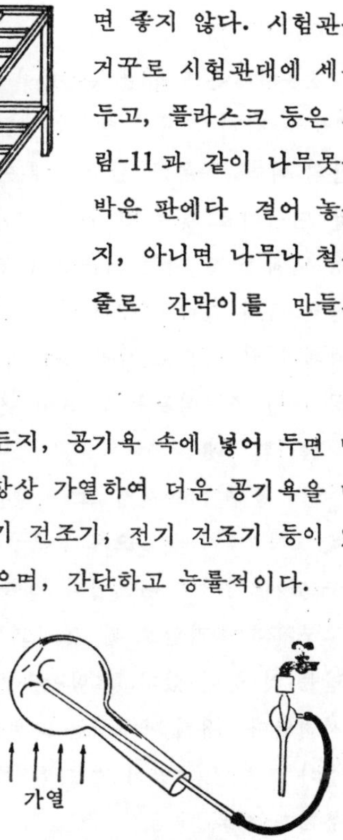

그림-12. 빨리 말리는 방법

어느 때든지 잘 말린 유리 기구는 그 기벽에 수증기나 이슬 같은 것이 묻어 있으면 안 된다.

3장 용량 및 무게

§1. 용량 기구

(1) 메스실린더

원통형의 유리그릇에 눈금을 새긴 것으로 제마개가 있는 것도 있는데, 그 눈금은 포함 용량을 의미하며, 그림-13과 같고 액체의 대략의 부피를 재는 데 쓰인다. 눈금을 읽을 때는 눈을 눈금과 평면선상에 놓고 읽어야 한다.

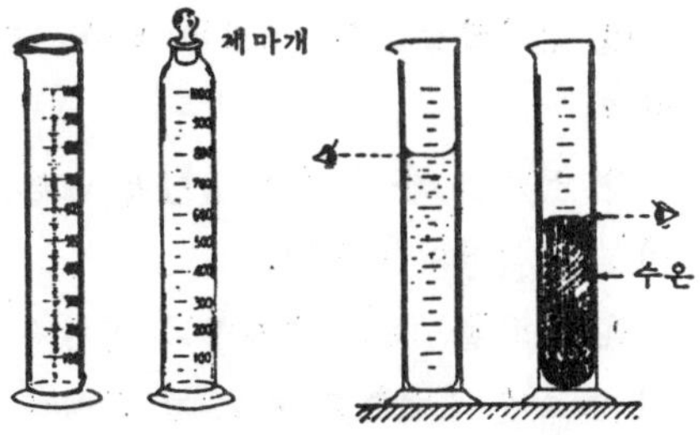

그림-13. 메스실린더 및 눈금 읽는 법

(2) 미터글라스

원추형으로 되어 손에 쥐고 액량을 읽게끔 되어 있다. 왼손에 쥐고 액체를 넣도록 눈금이 있으며, 그림-14와 같이 편리하게 쓰일 수 있는 그릇이다.

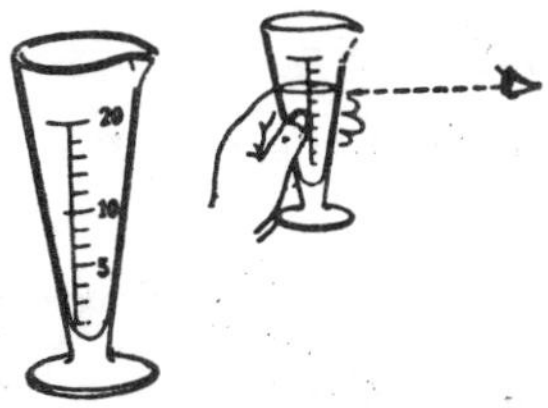
그림-14. 미터글라스와 눈금

(3) 피 펫

호올피펫은 일정한 용량만을 재는 데 쓰이는 것으로 1~200 m*l* 까지의 여러 종류가 있고, 메스피펫은 1~50 m*l* 용의 여러 종류가 있다. 메스피펫은 50 m*l* 이하의 액량을 마음대로 재는 데 쓴다. 기화하기 쉬운 것이나 유독성 액체를 잴 때는 피스톤이 달린 피펫을 쓴다. 피펫은 용액 속에 깊이 넣어서 쓰며, 한 끝이 액면에서 떨어지면 액체가 입 속으로 빨려 들어가므로 때로는 위험하다. 눈금 새긴 스포이드는 1~5 m*l* 정도를 재는 데 편리하다.

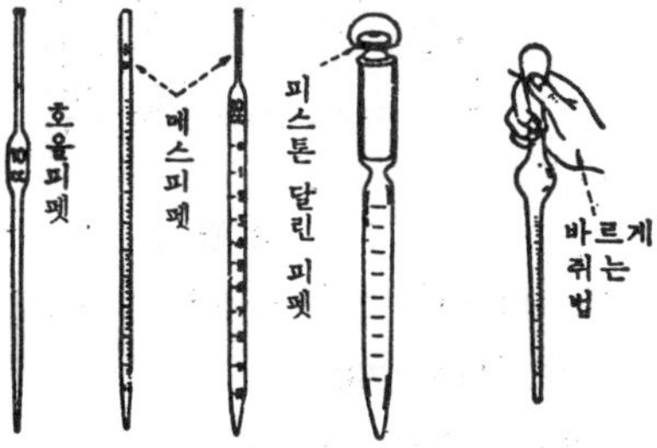

그림-15. 피 펫

(4) 뷰 렛

액체를 떨어뜨려서 그 액량을 정확히 잴 수 있는 것으로 보통은 5~100 m*l* 들이가 있는데, 0.1 m*l* 의 눈금으로 1눈금의 1/10까지 눈대중할 수 있게 되어 있다. 밑의 방출부는 유리 마개인 것과 고무관과 유리알로 된 것, 고무관과 핀치 콕으로 여닫는 것 등이 있다. 그림-16에는 방출부의 모양을 표시하였다. 유리 마개에는 와셀린을 조금 발라서 쓰면 좋다. 눈금을 읽기 쉽도록 파랗거나 붉은 줄이 든 뷰렛도 있다.

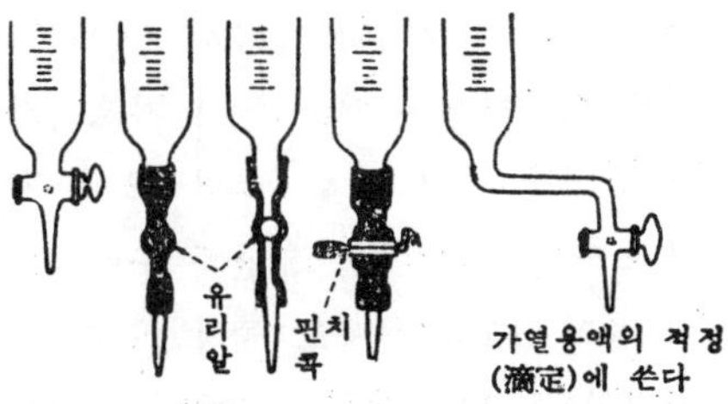

그림-16. 각종 뷰렛의 방출부

(5) 메스플라스크

일정한 부피의 액체를 정밀하게 잴 때나 농도가 일정한 용액을 만들 때 쓴다. 용기에는 그림-17과 같이 표준선이 표시되어 있다. 어떤 것은 표준선에 E와 A의 기호가 적혀 있다. E는 액을 넣을 때, A는 액을 내어 보낼 때 쓰인다. E까지 액을 넣으면 지정된 부피의 액체가 들어간 것이 되고, A까지 넣은 다음에 액을 쏟으면 지정된 부피의 액체가 나온 것이 된다. 메스플라스크로 규정액을 만드는 데는 표준선보다 조금 밑에까지 물을 넣고, 온도는 지정 온도를 유지하면서 마지막엔 피펫으로 물을 조금씩 떨어뜨려 표준선까지 채워 넣는다.

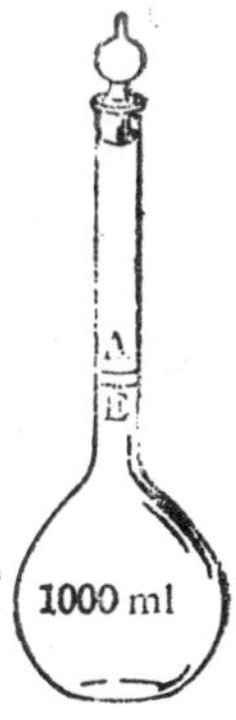

그림-17. 메스플라스크

§2. 약저울 사용법

약저울에는 여러 가지 모양이 있으나 보통 가장 많이 쓰이고 있는 것이 그림-18과 같은 것이다. 이것은 다루기가 편리하므로 여러 가지 용도에 많이 쓰인다.

접시를 상하게 할 염려가 없는 덩어리의 딱딱한 물질은 그대로 접시에 올려 놓아도 좋지만, 결정상의 시약 등은 양쪽 접시를 같은 약포지로 균형을 잡아 놓고, 그 위에 올려 놓고 단다. 또 종이를 상하게 할 우려가 있는 것은 유리나 사기 그릇을 사용하여야 한다.

그림-18. 약 저 울

저울을 사용할 때, 반드시 그림-19와 같이 핀셋으로 분동을 집어서 저울접시에 올려 놓도록 하며,

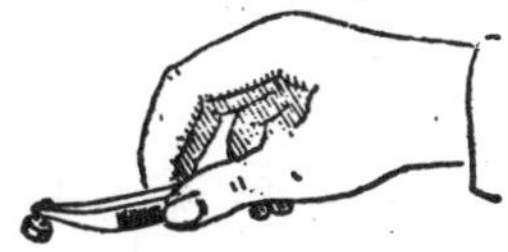

그림-19. 분동 집는 모양

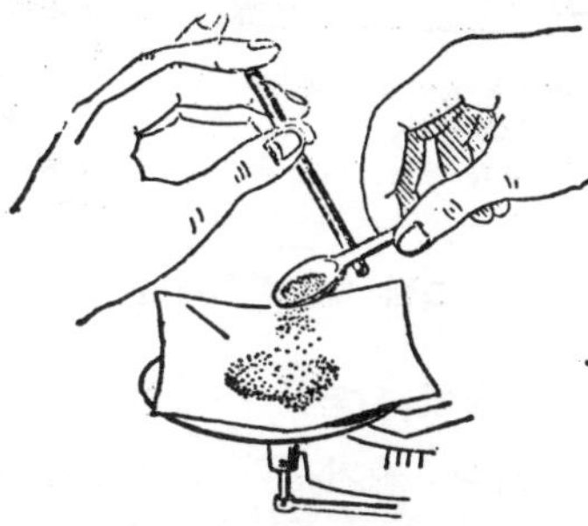

그림-20. 숟가락을 가볍게 친다

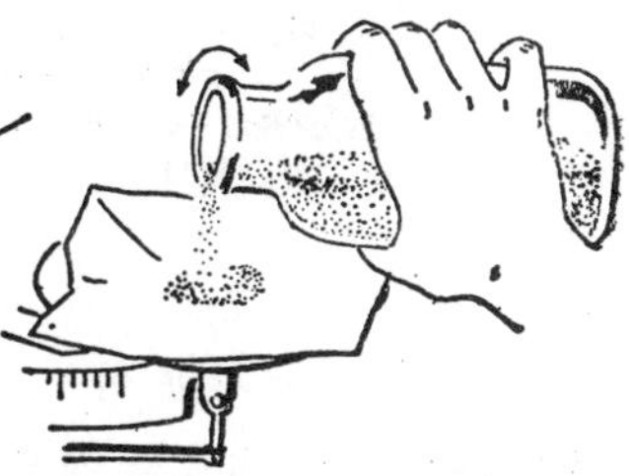

그림-21. 병을 돌린다

손으로 분동을 집어서는 안 된다. 분동을 올려 놓을 때는 무거운 것부터 차례로 올려 놓아 본다. 완전히 균형이 잡힌 것은 바늘이 눈금판의 0에서 멈추게 된다. 급할 때는 바늘이 눈금판의 0을 중심으로 하여 좌우로 엇비슷한 간격으로 흔들리면 이 때의 분동을 그 물질의 무게로 읽는 정도만으로도 무방하다. 보통 다루기에 편리하도록 물질의 질량을 달아 볼 때는 물질은 왼쪽에, 분동은 오른쪽에 놓으며, 일정한 질량만을 달 때는 분동을 왼쪽에 놓고, 물질을 오른쪽에 놓고 단다. 가루약을 오른쪽 접시에 놓을 때는 그림-20, 21과 같이 숟가락을 가볍게 때리거나, 또는 병을 돌려서 가루를 접시 위에 놓는다.

저울은 습기가 많은 곳에 두면 받침점의 날 끝에 녹이 슬게 되므로 주의해야 한다. 사용한 다음은 두 개의 접시를 한쪽에 겹쳐 놓고, 지렛대가 흔들리지 않도록 하든지, 계속해서 같은 약포지를 쓸 때는 넷으로 접어서 오른쪽 접시 밑에 끼어 둔다. 먼지가 묻지 않도록 상자 속이나 장 속에 넣어 두는 것이 좋다.

§3. 화학저울 사용법

화학저울의 구조는 그림-22와 같다. 화학저울은 아주 예민하므로 그 취급에 특히 조심해야 한다. 아래에 이 화학저울의 사용법을 설명하겠다.

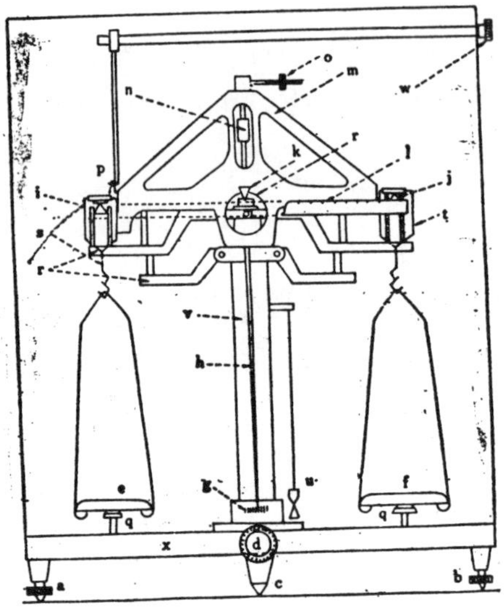

a. 왼발 왼 쪽에 있고 나사로 높이를 임의로 신축하여 수평을 조절한다
b. 오른발 오른 쪽에 있고 a와 같은 작용을 한다
c. 뒷발 뒤쪽 중앙에 있고 발의 길이는 일정하다
d. 손잡이 앞면 또는 왼 쪽에 있으며 톱니 축(軸)에 붙어 있어 천칭을 다루는 데 쓰인다
e. 왼쪽접시 보통 측량물을 올려 놓는다
f. 오른쪽접시 보통 분동을 올려놓는다
g. 도표(度表) 눈금판이라고 한다
h. 바늘
i. 왼쪽 날 왼쪽저울접시 받침날
j. 오른쪽 날 바른 쪽 저울접시 받침날
k. 가운데 날 기둥끄트머리의 날받치개 위에 지탱되어 있다 지점날(支點刄) 받치개 혹은 가운데 걸칠 날이라고도 한다
l. 라이더막대 라이더눈금이라고도 함
m. 아암 가운데 날을 중심으로 하여 좌우로 나누어져 있다
n. 중심조절나사 중심의 위치를 아래위로 가감하고 감도를 조절한다
o. 중량조절나사 정지점의 조전용이다
p. 라이더걸이
q. 접시받침
r. 저울대받침
s. 왼쪽 접시걸이
t. 오른쪽 접시걸이
u. 추 수평검사용 원형유리그릇에 기포(氣泡)를 봉한 수준기를 기둥 밑이나 뒷쪽에 달아 놓은 것도있다
v. 기둥
w. 라이더손잡이 x. 받침대

그림-22. 화학저울

좌우 양쪽 접시에 아무 것도 놓지 않고, 손잡이를 가만히 돌려 움직이게 한다. 바늘의 진폭은 좌우로 5눈금 정도면 좋다. 맨처음의 진동은 불규칙하므로 2회부터 좌우의 회귀점의 눈금을 한쪽은 홀수회, 다른 쪽은 짝수회로 읽으면서 기록한 뒤, 먼저 양쪽에 각각 평균을 내고, 그 다음 양쪽 수의 평균을 내면 이것이 바늘의 정지점이 된다. 접시가 비어 있을 때의 바늘의 정지점을 이 저울의 0점이라 한다. 회귀점을 읽는 것은 익숙하지 못하면 여간 어렵지 않다. 평상시에 충분히 연습해 두는 것이 좋다. 눈금을 읽을 때는 그림-24와 같이 중앙선 0눈금의 오른쪽을 +, 왼쪽을 −로 읽는다. 0점이 결정된 다음 손잡이를 닫고 접시를 고정시킨 후, 왼쪽 접시에 달려고 하는 물체를 놓고 오른쪽 접시에 분동을 놓는다. 분동을 놓을 때마다 손잡이를 조금 틀어서 바늘이 어떻게 움직이는가를 본다. 이로써 분동이 무거운가 가벼운가를 알 수 있다. 이렇게 하여 대충 무게에 가까운 g수의 분동을 올려 놓고, 다음에는

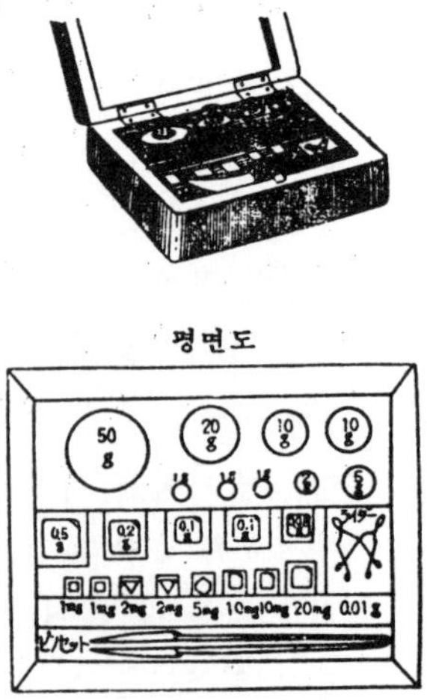

그림-23. 분 동

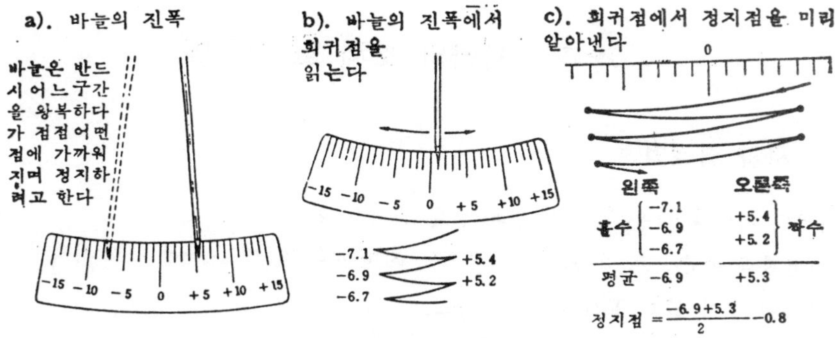

그림-24. 바늘의 진폭, 회귀점 및 정지점을 구하는 법

라이더를 사용하여 정확하게 무게를 단다. 라이더를 올려 놓을 때는 중앙이 0이고, 양쪽으로 10만큼 눈금이 있는데 이 눈금 하나가 1 mg에 해당된다. 이 라이더를 어느 쪽으로든지 이동시켜 진정한 무게를 단다. 가령 라이더가 눈금 4에 놓였을 때, 너무 가벼워서 그 정지점이 +3.1이 되고, 눈금 5에 놓았을 때는 너무 무거워서 그 정지점이 —2.5가 되었다고 하자. 이것은 무게를 1 mg 더 가해 주면 정지점이 +3.1−(−2.5)=5.6 눈금만큼 변한다는 것을 뜻한다. 아무것도 놓지 않았을 때의 정지점, 즉 0점이 위에서 본대로 −0.8이므로, 물체를 놓았을 때 두 번째의 정지점을 +3.1로부터 −0.8까지 움직이는 데 필요한 무게는 다음과 같이 계산할 수 있다.

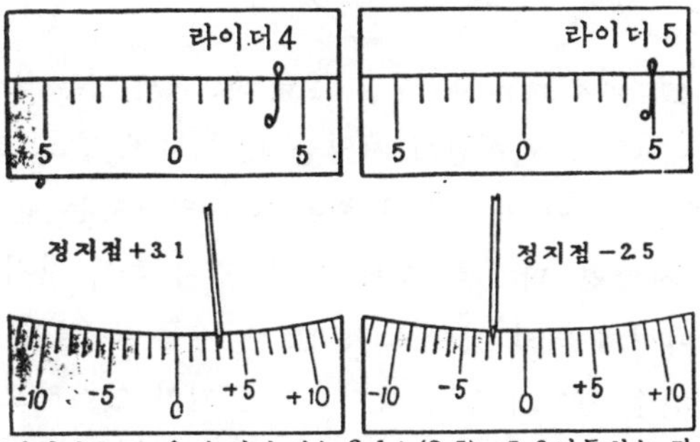

(라이더 1 mg을 놓이면 바늘 3.1+(2.5)=5.6이동하는 경우)

그림-25. 라이더 눈금과 도표

$$1\,(\text{mg}) \times \frac{+3.1-(-0.8)}{+3.1-(-2.5)} = \frac{3.9}{5.6} = 0.7\,(\text{mg})$$

그러므로, 진정한 물체의 무게는 그 때의 분동의 무게에 라이더로 4+0.7=4.7(mg)을 더해 준 무게일 것이다.

접시를 더럽힐 우려가 있는 것이나 액체는 반드시 시계 접시나 유리로 만든 저울 접시 또는 저울용 유리병에 넣어 달아야 한다.

그림-26. 시계접시, 저울접시, 저울용 유리병

4장 시약의 조제 및 처치법

§1. 시약 취급법

시험관에 시약을 넣을 때는 다음과 같은 순서로 한다.

① 시험관을 왼손으로 쥔다. ② 왼손으로 시험관을 쥔 채 오른손으로 시약병을 쥔다. 이 때 시약병에 붙어 있는 표시종이(라벨)를 손바닥쪽으로 가게 한다. ③ 시험관을 쥔 손으로 병마개를 뽑는다. 그림-27과 같이 왼손의 엄지손가락 밑바닥과 4째, 5째 손가락으로 병마개를 뽑는다. ④ 그림-28과 같이 시험관을 조금 기울여 시약을 붓는다. 이 때 한꺼번에 시약을 많이 넣지 말고 조금씩 넣어서 잘 섞는다. 그리고 시약을 넣은 다음엔 반드시 흔들어 주는 것을 잊어서는 안 된다.

그림-27. 마개 쥐는 법

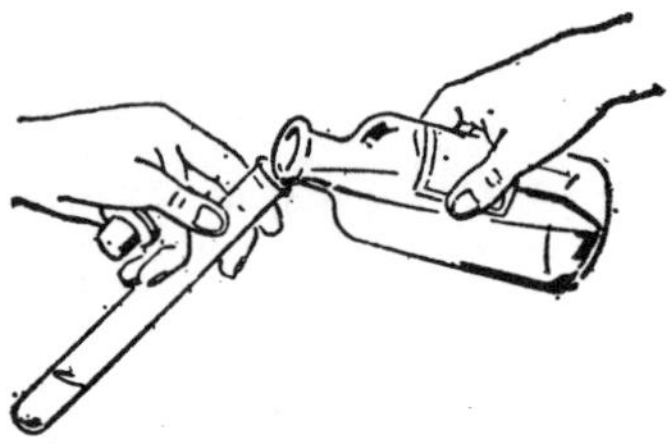

그림-28. 시약 넣는 법

⑤ 왼손에 있는 시약병 마개를 그림-29와 같이 하여 다시 시약병에 끼운다. 이렇게 하면 절대로 시약병 마개를 제 병이 아닌 다른 시약병에 끼울 염려가 없어 좋다. 어떤 일이 있더라도 시약병 마개를 빼서 책상 위에 놓아 두는 일이 없도록 명심해야 한다. ⑥ 시약병을 처음에 있던 제 자리에 다시 가져다 둔다. 이렇게 하면 여러 사람이 공동으로 사용하는 실험실에서 시약을 찾아다니는 혼란을 막을 수 있다. ⑦ 끝으로, 시험관은 가만히 시험관 받침대에 세워 둔다.

그림-29. 병마개를 다시 박는 모양

§2. 시약 조제법

(1) 농 도

시약의 농도는 보통 % 농도로 나타낸다. 이것은 용액 100 g 중에 녹아 있는 용질의 g수이다. 그러므로, 20 %라는 것은 약품 20 g을 물 80 g에 녹인 액을 말한다. 1 % 정도의 묽은 용액에서는 약품 1 g을 물 99 g에 녹이든지, 1 g을 물 100 g에 녹이든지, 또는 1 g을 물에 녹여 100 ml로 하든지 별로 큰 차이가 없다. 그러나 진한 액일 때는 그 값의 차이가 커지게 되므로, 꼭 규정대로 지켜야 한다.

산이나 염기는 노르말(N)로 표시할 때가 많다. 용액 1 l 중에 약품 1 g 당량이 포함된 액을 1 노르말액이라 한다. 몇 가지 산·염기의 1 g 당량은 다음과 같다.

염산(HCl) = 36.5 g	수산화나트륨(NaOH) = 40 g
질산(HNO_3) = 63 g	암모니아(NH_3) = 17 g

황산 (H_2SO_4) = 49 g　　　　수산화칼슘 ($Ca(OH)_2$) = 37 g

초산 (CH_3COOH) = 60 g

(2) 산

① **황산 :** 실험실에서 사용하는 진한 황산은 보통 95 %, 비중 1.84 로서 약 36 N 정도이다. 그러므로 필요한 시약은 물로 희석하면 된다. 예컨대, 약 30 % (6N)의 황산액을 만들려면 진한 황산 1체적을 물 5체적에 가하면 된다. 또한 10 % (2N)의 묽은 황산을 만들려면 진한 황산 1체적을 물 16체적에 가하면 된다. 이 때 특히 조심할 것은, 진한 황산과 물이 혼합되면 몹시 심하게 발열한다는 사실이다. 따라서 진한 황산에다 물을 가하면 대단히 위험하므로 주의해야 한다. 반드시 필요한 양의 물에다 조금씩 필요한 진한 황산을 가하고 그 주위를 잘 식혀가면서 묽은 황산을 만들어야 한다. 물에다 황산을 가할 때에라도, 한번에 많이 가하면 위험하므로, 그림-30과 같이 조금씩 유리 막대를 통하여 물에 가해 준다. 그 때마다 유리 막대로 잘 저어 주는데, 비이커가 상당히 더워지면 비이커 주위를 찬물로 식혀서 열을 없애고 계속 조금씩 황산을 가하도록 유의해야 한다.

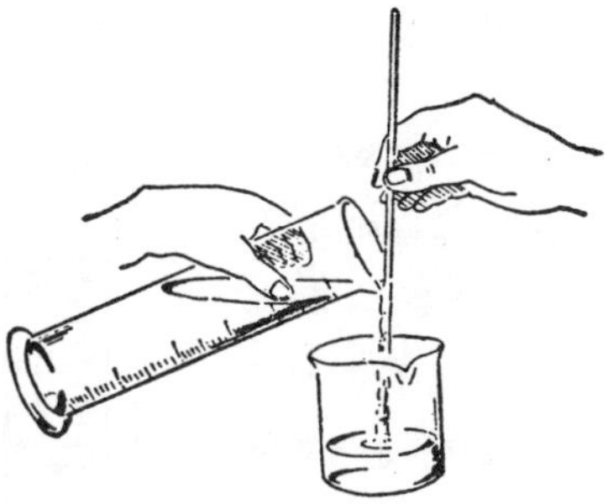

그림-30. 묽은 황산 만드는 법

② **염산 :** 진한 염산은 약 35 %의 염화수소를 포함한 액인데, 약 11.3 규정이다. 실험실에서는 이것을 그대로 진한 염산으로 사용한다. 보통 20 % 이상의 염산은 병마개를 열면 흰 연기가 날아간다. 10 %의 묽은 염산은 약 3규정인데, 진한 염산 1체적에 약 3체적의 물을 가하여 만든다. 진한 황산 때와 같이 그렇게 많은 열이 생기지 않으므로 물에다 진한 염산을 가하든지, 진한 염산에다 물을 가하든지 관계가 없으나 보통은 물에다 염산을 조금씩 가하고 잘 저어서 묽은 염산액을 만든다.

③ **질산 :** 진한 질산은 보통 60 % 이상의 HNO_3를 포함하고 있는 것이다. 원래는 무색인데, 햇볕을 쬐면 노랗게 된다. 질산의 %와 비중 관계는 다음과 같으므로, 그림-31과 같은 비중계를 써서 비중을 알고 그 % 농도를 알면 필요한 농도의 묽은 질산을 만들 수 있다.

질산의 비중과 % 관계

비 중	%
1.45	약 76 %
1.42	약 69 %
1.40	약 64 %
1.33	약 60 %

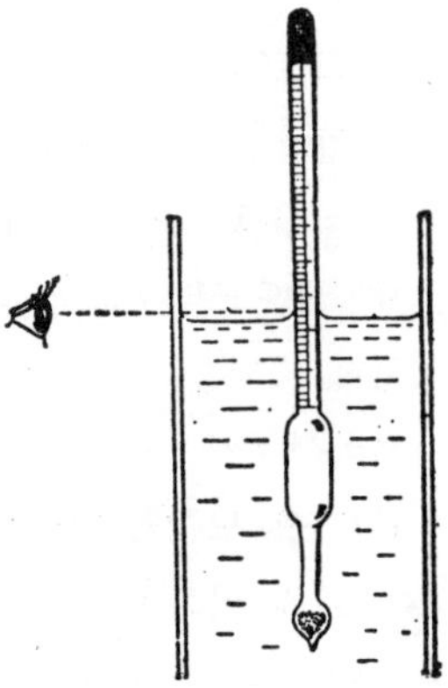

그림-31. 비 중 계

그러므로 약 60 %의 진한 질산 1체적에 물 5체적을 가해 주면 약 2규정 정도의 묽은 질산을 얻을 수 있다.

④ **초산 :** 진한 초산은 99~100 %의 CH_3COOH를 포함하고 있으며, 겨울에는 고체로 얼

게 되므로 빙초산이라고도 한다. 그러므로 2규정의 묽은 초산을 만들려면, 빙초산 1체적에 물 7체적을 가하면 된다. 고체로 되었을 때는, 병을 따뜻한 물에 얼마동안 담가 두면 녹아서 액체가 된다.

(3) **염 기**

① **수산화나트륨**(가성소오다) : 흰색의 막대기나 또는 콩알 같은 알갱이로 되어 있는 고체이다. 공기 중의 습기를 잘 흡수하여 녹는 성질이 강하고, 또 이산화탄소를 흡수하는 성질도 강하므로 될 수 있는 한 빨리 필요량을 저울에 달아서 물에 녹인다. 저울에 달 때에도, 종이를 대지 말고 꼭 비이커나 유리 접시를 사용해야 한다. 수산화나트륨이 물에 녹을 때는 열이 몹시 발생하므로 비이커가 깨지지 않도록 주의해야 한다.

② **암모니아수** : 보통 많이 사용하는 것은 약 25%인 것으로 비중이 0.91이다. 약 13.4 규정액이므로, 암모니아 1체적에 물 6체적을 가하면 약 2규정의 암모니아수가 된다. 그러나 암모니아는 상온·상압에서 기체이다.

(4) **염류 용액** : 염류는 보통 5% 정도의 액을 많이 쓰는데, 이보다 더 묽은 액이 필요할 때는 필요한 양만큼 물을 가해 쓰면 된다. 상온에서 녹을 수 있는 고체를 녹여서 일정 농도의 용액을 만들려고 할 때는 그림-32와 같은 눈금이 있는 실린더를 이용하는 것이 좋다. 여기에 일정량의 고체를 달아 넣고, 물을 채워 마개를 하고 잘 흔든 다음, 필요한 눈금까지 희석시키면 된다.

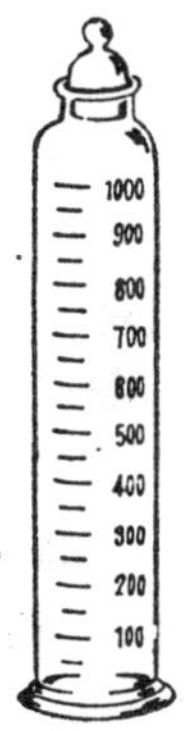

그림-32. 눈금 있는 실린더

(5) **지시약** 지시약은 다음과 같은 처방에 의해 만든다.

① **페놀프탈레인액** : 흰색 가루인데, 페놀프탈레인 약 1g을 60% 알코올 100 ml에 녹인다.

② **메틸오렌지액** : 오렌지 갈색의 고체인데, 메틸오렌지 0.2g을 온수 100 ml에 녹이고, 냉각한 다음 여과한다.

③ **리트머스액** : 리트머스 1g을 빻아서 가루로 하고, 온수 10 ml에 녹이고 여과한다. 묽은 황산으로 중화하고 물을 가하여 100 ml로 한다. 푸른 액은 가성소오다액을, 붉은 액은 묽은 황산을 몇 방울 가해서 만든다.

(6) **요오드액** : 요오드칼륨 1.0g과 요오드 0.3g을 물 250 ml에 녹이고 갈색병에 넣어 보존한다.

(7) **전분액** : 가용성 전분 1g을 물 100 ml에 넣고 저어 주면서 가열하여 녹인다.

(8) **요오드칼륨 전분지** : 0.1% KI액 10 ml에 1% 전분액 1 ml를 가하고 잘 저어 준 다음 여기에 여과지를 담갔다가 꺼낸 후, 두 장의 유리판 속에 끼워 두든지 아니면 사용할 때 꺼내 쓴다. 마른 것은 반응이 잘 안 되므로, 마른 것은 사용할 때 물로 적셔서 쓴다.

(9) **네슬러 시약** : 이것은 암모니아를 검출할 때 사용되는 시약이다. 요오드칼륨 5g을 온수 5 ml에 녹이고, 여기에 승홍 2.5g을 온수 10 ml에 녹인 액을 조금씩 가하고 잘 흔든다. 생성된 침전의 일부가 조금 남아 있을 정도가 되면 냉각하고, 여기에 NaOH 15g을 물 30 ml에 녹인 액을 가하고 물로 전체를 100 ml로 한다. 다시 승홍 0.5 ml를 가하고 가만

히 두었다가 윗물을 쓴다. 갈색병에 넣고 고무 마개로 막아 두는 것이 좋다.

(10) 베네딕트 용액

시트르산나트륨 173 g 과 탄산나트륨 100 g 을 800 ml 의 증류수에 약간 가온하면서 녹이고, 찌꺼기가 생기면 걸러 버린다. 이 용액에 물 100 ml 에 $CuSO_4$, $5H_2O$ 17.3 g 을 녹인 용액을 저어 주면서 섞어 준다.

(11) 펠링 용액

① 증류수 500 ml 에 $CuSO_4 \cdot 5H_2O$ 34.7 g 을 녹여 A 용액을 만들어 따로 보관한다.

② 롯셀염 173 g 을 500 ml 의 증류수에 녹이고, 여기에 50 g 의 NaOH 를 더 녹여 B 용액을 만들어 따로 보관한다. A, B 용액을 사용 직전에 등량 혼합하여 쓴다.

(12) 밀론 시약

진한 질산 1 부피에 수은 1 부피를 녹여 증류수로 2 배 희석시키고, 찌꺼기를 걸러 버리고 사용한다.

§ 3. 위험한 약품의 취급법

(1) 황 산

진한 황산을 가열할 때 갑자기 끓이면 위험하므로, 시험관 집게로 시험관을 움직이면서 가열한다. 관 입구를 사람이 있는 쪽으로 돌려서는 위험하다. 묽은 황산이 의복이나 피부에 묻은 것을 그냥 두면, 수분이 차차 증발하여 모르는 사이에 섬유가 상하게 되므로 진한 황산 때와 같은 처리가 필요하다. 섬유에 밴 황산은 여간해서 씻어지지 않으므로 묽은 탄산수소나트륨액으로 중화시키고, 다시 물로 씻는다. 피부에 황산이 묻었을 때는 곧 물로 씻고, 다음에 탄산수소나트륨 가루를 뿌리거나 묽은 용액으로 씻고, 다시 물로 씻는다.

(2) 염산과 질산

염산과 질산도 피부를 상하게 하지만 황산과 달라 증발하기 때문에 물로 잘 씻으면 된다. 질산이 피부에 묻으면 피부의 단백질 사이에서 질산과 반응이 일어나 피부가 노랗게 되는데, 이것은 시간이 지나면 없어진다. 옷에 묻었을 경우, 특히 무명 같은 식물성 섬유는 상하기 쉽다. 비단이나 모직물 같은 동물성 섬유에 질산이 묻으면 노랗게 착색된다. 피부의 경우와 같이 옷에 묻은 질산이나 염산은 물로 잘 씻으면 되는데, 만일 조금 남아 있어도 그 후 증발되고 만다.

(3) 가성소오다

가성소오다 같은 가성알칼리는 피부를 몹시 상하게 한다. 특히 눈에 들어가면 눈을 멀게 할 우려가 많으므로 주의하여야 한다. 눈에 들어갔을 경우의 응급 치료는 깨끗한 물로 충분히 씻고, 곧 의사의 치료를 받도록 한다. 무명과 같은 식물성 섬유는 비교적 알칼리에 강하나, 동물성 섬유는 몹시 약하다. 물로 잘 씻는 것이 좋다.

(4) 금속 나트륨

금속 나트륨은 공기 중에서 산화되고, 물과 몹시 반응하므로 석유 속에 넣어 보존한다. 사용할 때는 핀셋으로 집고, 여과지로 석유를 닦아내고 칼로 산화물을 없앤다. 맨손으로 만지면 화상을 입게 되므로 주의해야 한다. 또, 물기가 있는 것은 핀셋이나 칼을 사용해서는 안 된다.

물과 반응시킬 때 큰 덩어리는 튀기 때문에 위험하다. 물 위를 떠돌다가 그릇벽에 붙으면, 그 반응열 때문에 그릇이 깨지는 때가 있다. 나트륨이 튀어서 눈에 들어가면 눈이 멀게 될 염려가 있다. 나트륨에 의한 상해는 화상 이외에 물과 작용하여 생긴 가성알칼리의 상해가 겸하여 더욱 나쁘다. 눈이나 피부에 묻었을 때는 곧 물로 씻고, 의사의 치료를 받는다.

(5) 수 은

수은의 증기압은 상당히 낮지만, 약간의 증기라도 오랫동안 마시면 중독이 된다. 미립자의 수은일수록 증발하기 쉬우므로, 엎질렀을 때는 곧 남김 없이 주워야 한다.

스포이트를 써서 줍든지 잘 닦은 구리 조각으로 아말감화하여 흡착시키면 잘 주워진다.

(6) 알코올

알코올 램프에 알코올이 조금 남았을 때 알코올과 공기의 혼합 기체가 가득 차는 수가 가끔 생긴다. 이 때 불을 붙이면 대단히 위험하므로, 알코올 램프는 항상 4~8할 정도는 채워 두어야 한다. 알코올 통의 뚜껑 위에 촛불의 초를 떨어뜨려 봉하려고 하다가 폭발하는 경우가 있다. 파라핀을 따로 녹인 다음, 불을 끄고 칠하면 된다.

(7) 에테르

에테르 증기는 공기보다 무거우며, 책상이나 마루 바닥으로 이동하면서 먼 곳까지 인화되는 경우가 많으므로, 4 m 이내에는 불꽃을 두지 말아야 한다. 에테르와 공기의 혼합 기체가 담뱃불로 인해 대폭발을 일으킨 예도 있다. 불붙기 쉬운 휘발성의 물질은 일체 불 가까이 놓지 말아야 한다. 소매 끝에 묻었던 에테르에 불이 인화되어 큰 소동이 일어났던 사례도 있다.

(8) 인(燐)

황린은 30° C면 발화하므로 물 속에 저장하며, 꺼낼 때는 물 속에서 부수어 버린다. 이 때 피부 조직에 흡수되면 유독하므로 고무 장갑을 낀다. 인의 화상은 치료하기 어려운 악성이다. 황린이 묻었을 때는 물로 잘 씻고, 다음에 탄산수소나트륨액에 담갔다가 다시 물로 씻고 고약 같은 것을 바르고 의사의 치료를 받아야 한다. 황린의 증기를 흡입하면 몸의 점막이 상하게 되므로, 물에 축인 마스크를 하고 황린을 처리하는 것이 좋다.

5장 기초 실험 조작법

§1. 가 열

시험관에 액체를 넣고 가열할 때는 액체를 시험관 체적의 $\frac{1}{5}$ 이상 넣어서는 안 된다. 많이 넣으면 흔들 때도 불편하겠지만 액이 끓게 되면 시험관 밖으로 넘어 나오게 된다.

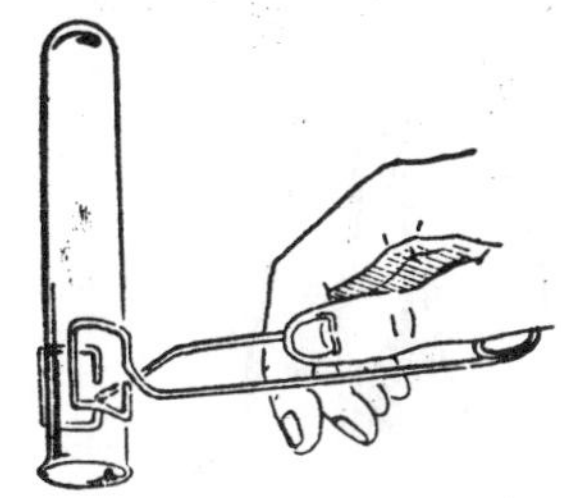

그림-33. 시험관 집게

시험관은 시험관 집게로 그림-33과 같이 쥐고 가열한다. 시험관의 위를 쥐는 것은 나중에 흔들 때 편리하기 때문이다. 가열할 때는 시험관을 약간 기울여 불꽃에 넣고, 불꽃 속에서 가볍게 흔들어 준다. 이렇게 하지 않고 시험관을 똑바로 세우든지 또는 흔들지 않고 그대로 쥐고 있으면 시험관 밑바닥으로부터 비등하여 액이 바깥으로 튀어나오며, 기울여도 액이 튈 때가 있으므로, 가열하면서 시험관 내부를 들여다본다든지 가열하면서 냄새를 맡는 일은 하지 말아야 한다. 가스 버어너로 가열할 때는 가스의 조절을 적당히 하여 너무 세지 않도록 하여야 하며, 알코올 램프일 때는 불꽃의 조절이 잘 안 되므로 가장 강하게 가열하려고 할 때는 시험관을 불꽃의 윗부분에 넣고 시험관을 불꽃으로 둘러싸 주는 것이 좋다. 약하게 열하려고 할 때는 시험관을 불꽃에서 꺼내어 끝에다 두면 된다.

시험관에 고체를 넣고 가열할 때는 잘못하면 시험관을 깨뜨리는 수가 많다. 그러므로 처음엔 약한 불로 시험관 전체를 골고루 가열한 다음 나중에 한 곳만을 세게 가열한다. 고체를 가열할 때 반응하여 생긴 수증기가 응축되어 물방울이 생기고, 이것이 시험관의 뜨거운 부분에 흘러 내리면 시험관이 깨지는 경우가 많다. 이 때는 그림-34와 같이 시험관을 옆으로 기울여 입구를 조금 밑으로 한 다음 고체를 좀 넓게 펴 넣고 가열한다.

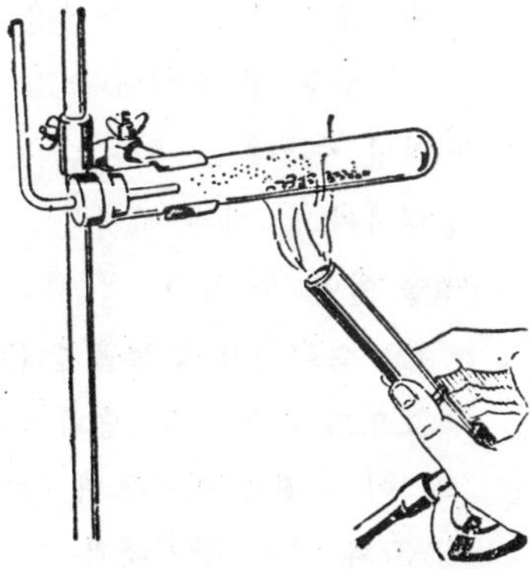

그림-34. 고체를 가열하는 모양

비이커나 플라스크는 시험관보다 그 유리가 열에 약하므로 너무 세게 가열해서는 안 된다. 플라스크 중에는 밑둥근 플라스크가 열에 좀 강하므로, 높은 온도로 가열할 때는 밑둥근 플라스크를 그림-35와 같이 그물 위에 올려 놓고 가열한다. 플라스크 안에 있는 액은 저어 주기가 곤란하므로 보통은 작은 도자기쪽 같은 소위 비등석을 몇 개 넣고 가열하여 갑자기 끓어 오르는 돌비를 막아 주는 것이 좋다. 이런 비등석을 넣어 주면 비등석 중의 작은 기포 중으로 액이 증발하고, 그 기포가 커져서 깨지면서 위로 올라와 계속적으로 조용히 끓게 되는 것이다. 그러나, 이런 비등석을 넣는 것을 잊어버렸다가 액이 급히 끓기 시작한 다음에 비등석을 넣으면 대단히 위험하므로 주의해야 한다. 반드시 액을 차게 냉각시킨 다음에 비등석을 가해 주어야 한다.

플라스크나 비이커를 가열할 때, 그림-36과 같은 수욕을 사용할 때가 많다. 꼭 그림과 같은 수욕을 쓰지 않고 비이커에 물을 대신 사용해도 무방하며, 직접 불꽃으로 가열하는 것이 위험할 때는 이런 수욕을 사용하면 편리하다.

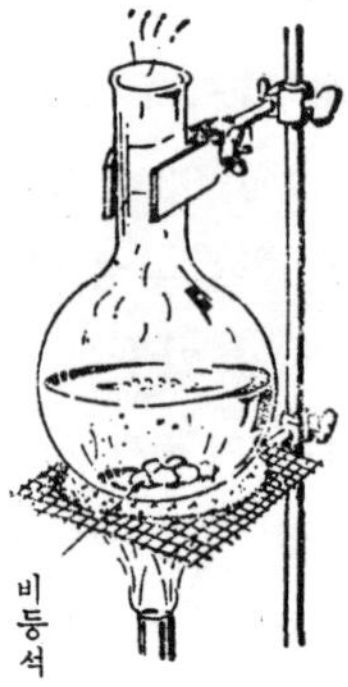

그림-35. 밑둥근 플라스크

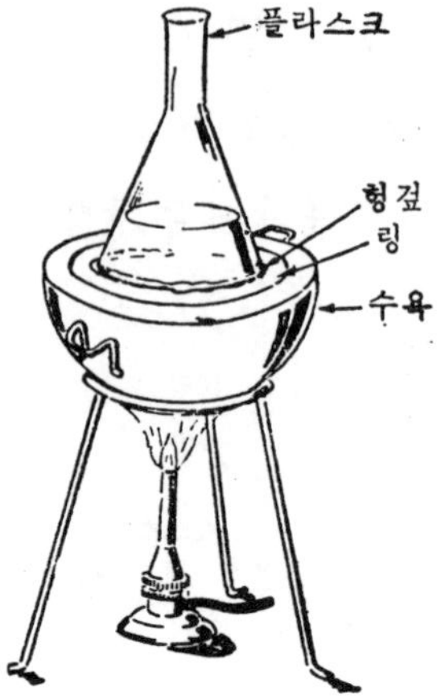

그림-36. 수 욕

§2. 결정만드는 법

(1) 응고시켜 결정을 만드는 법

고체가 녹아 있는 액체를 식혀 응고시키면 결정이 석출한다. 일반적으로 불순물을 포함한 용액을 냉각시켜 결정을 만들면 대부분의 불순물은 액에 남아 있고, 순수한 결정을 얻을 수 있다. 물론 100% 순수한 결정은 아니므로 다음에 설명하는 재결정 방법으로 몇 번이고 재결정시켜 순수한 결정을 만든다. 응고시켜 결정을 얻는 방법은 빙초산이나 페놀 같은 것의 정제에도 이용된다. 초산을 냉각시키면 고체로 될 무렵, 초산이 들어 있는 병을 잘 흔들어 될 수 있는 한 모액이 결정 속에 들어가지 않도록 하고, 병을 기울인 다음 모액을 흘려 내버리면 수분은 모액과 같이 제거된다. 다음에 결정이 남아 있는 병은 열을 가하여 결정을 융해시키고, 다시 이것을 식혀서 결정을 석출시키는 방법을 몇 번만 반복하면 순수한 빙초산을 얻을 수 있다.

(2) 승화시켜 결정을 얻는 법

요오드 같은 것은 승화하는 성질을 가졌으므로, 이 성질을 이용하여 정제시킬 수 있다. 그림-37과 같은 장치에서 요오드를 가열하면 요오드 기체가 생기는데, 이것은 깔때기나 물을 넣은 플라스크 밑에 붙어서 곧 결정으로 된다. 이 때 불휘발성 불순물은 그대로 남게 되며, 휘발성의 불순물은 그대로 기체로 되어 날아가므로 요오드만을 순수하게 얻을 수 있다.

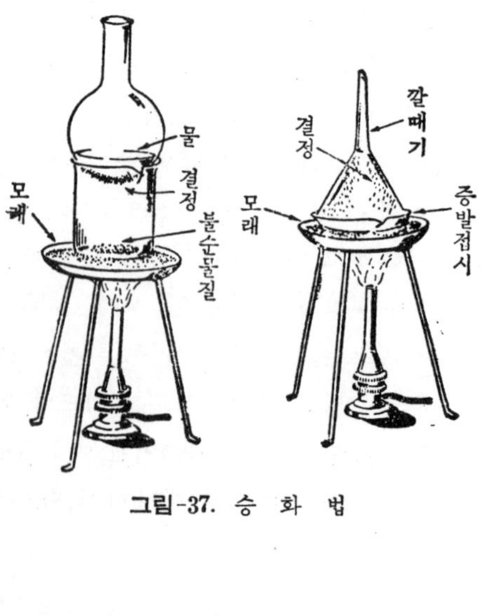

그림-37. 승 화 법

(3) 재결정법

고체는 종류에 따라 높은 온도에서 용해도가 크고, 낮은 온도에서는 용해도가 작은 것이 있다. 이 때는 그 고체를 높은 온도에서 진한 용액을 만들고, 이것을 식혀 주면 고체가 생기는데, 처음 고체 중에 포함되었던 불순물은 고체로 되지 않고 그대로 모액 중에 남아 있게 된다. 이런 일을 재결정이라 하는데, 불순물이 많을 때는 재결정을 여러 번 해야 순수하게 된다. 실제로 불순한 고체를 높은 온도에서 될 수 있는 한 소량의 용매에 녹이며, 용매로는 보통 물을 많이 쓴다. 이 용액을 물이나 얼음으로 식혀 주면 결정이 석출되는데 이것을 여과하여 모액과 분리하면 된다. 그러나, 어떤 때는 가열한 액을 걸러가지고 식혀야 할 때가 많다. 이럴 때 물질에 따라서는 거를 때 깔때기 다리에 벌써 결정이 석출되어 거를 수가 없게 된다.

이 때는 그림-38과 같은 보온 깔때기를 사용하면 쉽게 거를 수가 있다. 용액을 급히 냉각시키면 작은 결정이 생기며, 서서히 냉각하면 큰 결정이 생긴다. 일반적으로 유기물일 때는 큰 결정일수록 순수하며, 결정이 작을수록 그 표면적이 크고 그 표면에 불순물이 많이 흡착되므로, 이것을 없애기가 힘이 든다. 무기물일 때는 도리어 결정이 작을수록 순수하다. 무기물은 유기물같이 그렇게 잘 흡착되지 않으며, 또한 무기물의 큰 결정이 생길 때 그 속에 모액이 포함될 가능성이 많기 때문이다.

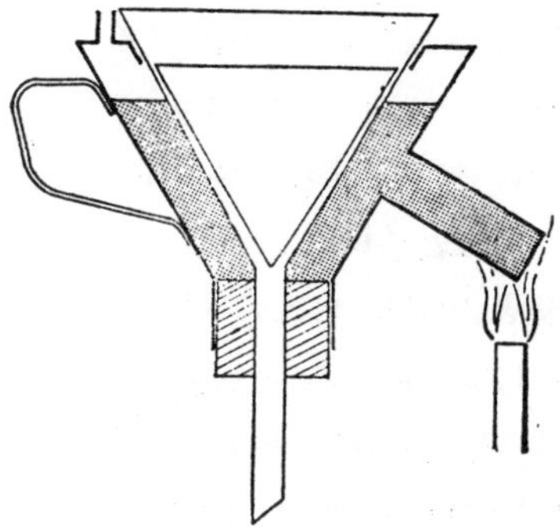

그림-38. 보온 깔때기

§3. 여과하는 법

(1) 여과에 쓰이는 기구와 여과법

깔때기에는 많은 종류가 있는데, 여과의 속도를 빠르게 하기 위해서는 다리가 긴 깔때기를 쓰는 것이 좋다. 같은 목적에 줄진 깔때기가 있다. 또한 결정이 아주 빨리 생기는 용액을 거르기 위해서 다리 없는 깔때기를 쓰기도 한다. 다리가 긴 깔때기의 다리 부분에 들어간 여과액은 그 무게에 따라서 여과지 위의 액을 밑으로 빨아 당기게 되어 여과의 속도가 빨라진다. 줄진 깔때기는 안쪽에 골짜기와 산이 있어 액의 무게로 여과지가 깔때기의 안쪽면에 밀착되지 않으므로 여과 속도를 빠르게 할 수 있다. 여과할 때 깔때기를 고정시키기 위해서 여과대를 쓴다. 스탠드의 링에 두꺼운 고무대판을 감은 것, 비이커에 직접 걸치는 깔때기걸이, 굵은 철사를 구부려서 만든 것 등 여러 가지로 고안해서 만들 수 있다.

(2) 여과지에 의한 여과법

고체와 액체를 분리하거나 고체의 수집, 불순물의 제거, 액을 맑게 할 때 가장 많이 쓰이는 방법이다. 먼저 둥근 여과지를 그림-39처럼 반으로 접고, 이것을 또 반으로 접고, 점차로 조금씩 접어서 끝에서는 접히지 않도록 한 다음, 이것을 펴서 깔때기에 끼우고, 모액

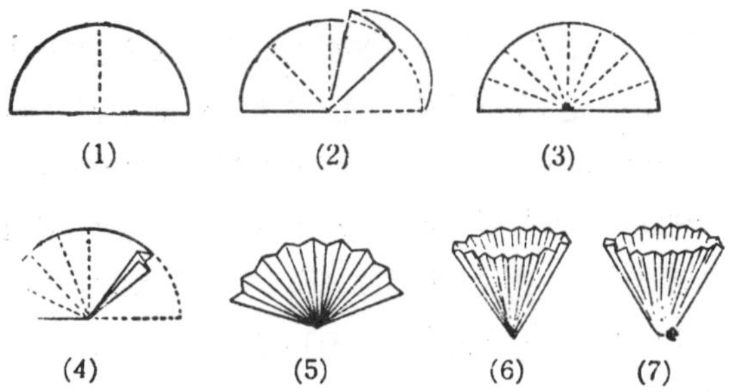

그림-39. 여과지 접는 순서

과 같은 액으로 적셔서, 양쪽 엄지 손가락으로 안쪽으로 민다. 깔때기에 여과지를 끼울 때는 여과지 끝이 깔때기 위에서 0.5~1.0 cm 밑에 올 정도가 좋다. 깔때기에 용액을 쏟을 때는 모액의 상층액을 여과지 안에 살짝 댄 유리 막대를 통해서 붓는다. 실제로 액을 여과할 때는 그림-40과 같이 실험한다.

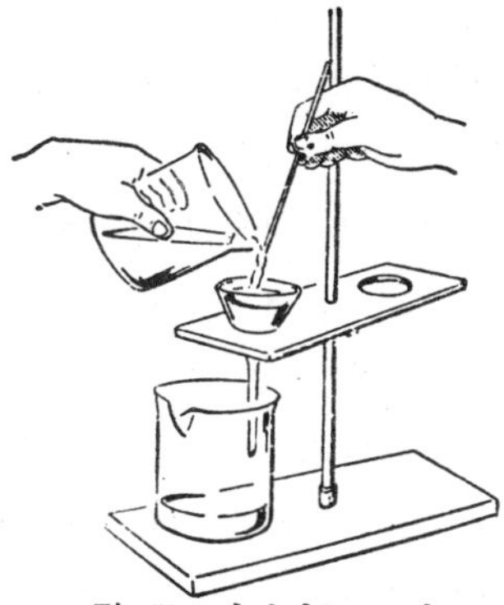

그림-40. 여과하는 모양

(3) 흡인 여과

보통 여과로 거르기 어려운 침전을 거를 때, 또는 많은 액을 거르거나 여과 속도를 빠르게 하려면 깔때기를 흡인병에 그림-41과 같이 고무 마개로 막고, 아스피레이터로 빨아들이면서 거른다. 이 때 여과지가 감압 때문에 찢어지지 않도록 하기 위해서 필타코운을 쓰거나, 2.5~3.5 cm^2 정도의 깨끗한 흰 헝겊을 여과지 뒷면에 겹쳐서 함께 접어 쓰는 수도 있다. 소량의 침전과 액체를 흡인 여과하려면 유리 여과판을 쓰면 편리하다. 여과지는 그림-42와 같이 유리 여과판보다 약간 크게 잘라서 접시 위에 덧놓고, 여과병에 깔때기를 고무 마개로 꽂아 아스피레이터로 서서히 빨아들이면서 모액과 같은 액체로 약간 적시면 여과지는 유리 여과판 전체에 착 달라 붙어서 깔때기의 안쪽과 유리 여과판이 닿은 부분도 막힌다. 또한 모액을 충분히 빨아내기 위해서 입구가 좁은 병의 뚜껑 따위를 이용하여 침전을 누른다. 보통 가장 많이 이용하는 흡인 여과기는 그림-43과 같은 눗체(부후나의 깔때기라고도 한다)를 쓴다. 이 여과판 위에 꼭 맞도록 여과지를 잘라서 올려 놓고 물로 약간 적신 다음 아스피레이터로 흡인하면 여과지가 꼭 이 판에 달라 붙는다. 다음에 이 여과지 위에 침전이나 액을 붓고 거른다.

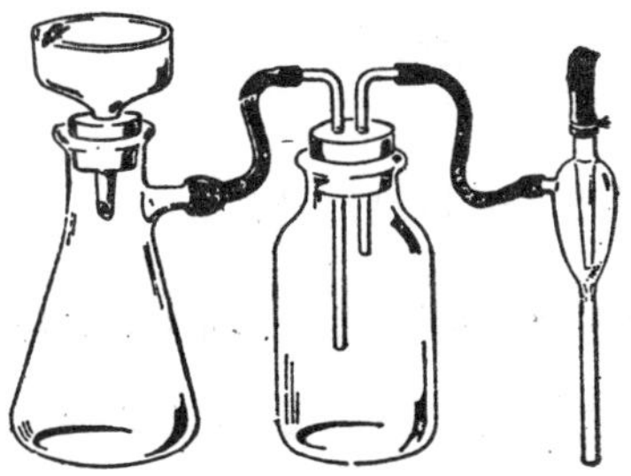

그림-41. 흡인 여과

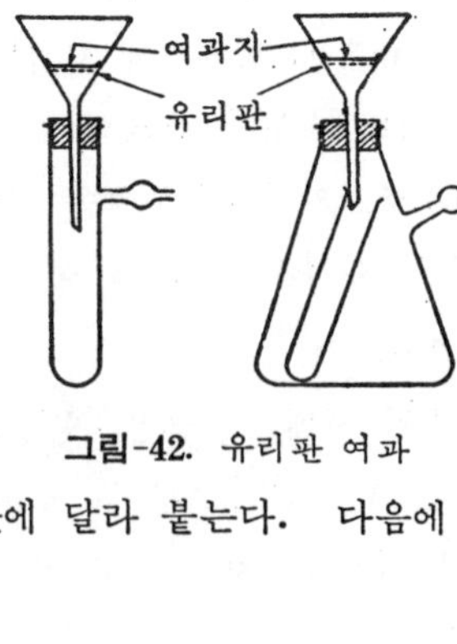

그림-42. 유리판 여과

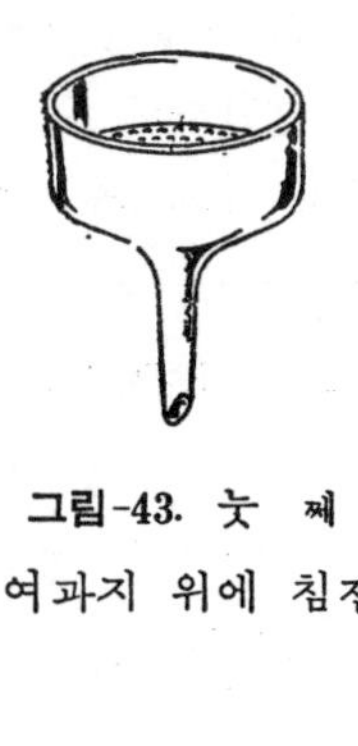

그림-43. 눗 체

§4. 증발과 건조법

용액을 가열하여 그 용매를 증발시키는 데는 보통 증발접시를 쓴다. 특히 끓일 필요가 없는 한 보통 비등점 이하의 온도에서 가열 증발시킨다. 수용액일 때는 그림-44와 같이 수욕 위에서 서서히 증발시킨다.

그림-44. 증 발

에테르나 알코올 같은 것은 인화될 우려가 많으므로 불을 끄고 증발시켜야 한다.

증발이 계속되면 용액 중의 물질이 결정으로 되어 표면에 엷은 피막이 생기므로 증발이 느리게 된다. 이 때는 가끔 유리 막대로 이 피막을 깨뜨려 밑으로 가라앉게 하는 것이 좋다. 액량이 아주 적을 때는 액을 증발접시에 넣어 데시케이터에 넣어 둔다. 그림-45와 같은 것이 가장 많이 쓰이는 데시케이터인데, A부분에 말리려는 물질을 넣어 둔다. B에는 건조제를 넣는데, 보통 가장 많이 사용하는 것은 염화칼슘이나 진한 황산이다. 때로는 오산화인, 생석회, 수산화나트륨 같은 것도 쓴다. 진한 황산을 사용할 때는 될 수 있는 한 옮기지 말고 한 자리에 두고 쓰는 것이 좋고, 또한 가해 준 황산이 갈색 빛깔로 변색하였을 때는 새 황산과 바꿔 주는 것이 좋다. 그림-45의 오른편 데시케이터는 감압용 데시케이터인데, A부분에 물질을 넣고, 고무 마개에 달린 콕을 열고 고무줄을 아스피레이터에 연결하여 감압시킨 다음 콕을 잠그고 아스피레이터를 빼고 하룻밤 정도 그대로 두면, 물질의 건조 속도가 빠르다. 나중에 이 물질을 꺼내려고 할 때는 그대로는 좀처럼 데시케이터의 뚜껑이 열리지 않으므로 처음에 가만히 콕을 열어 공기를 넣어야 하는데, 특히 천천히 이 콕을 열어야 하는 것이 중요하다. 급히 콕을 열면 물질이 튕겨 터지게 된다. 공기를 넣어 준 다음엔 쉽게 데시케이터의 뚜껑을 열 수가 있다.

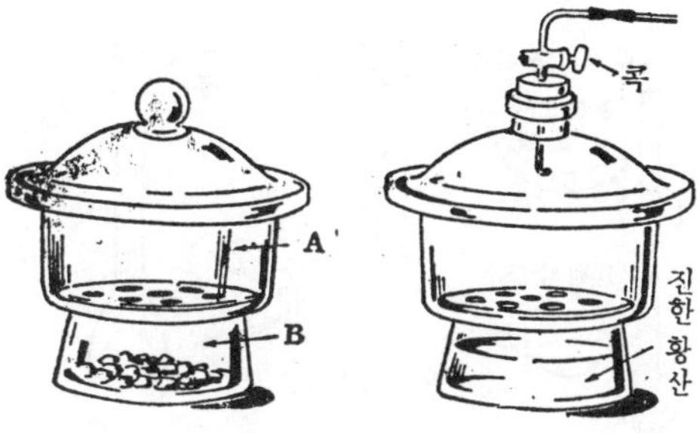

그림-45. 데시케이터

기체를 건조시킬 때는 그림-46과 같은 여러 가지 관을 사용하여 기체를 통과시킨다. 단지 이 때 주의할 것은 통과하는 기체가 관 속에 있는 건조제와 반응해서는 안 된다. 그러므로 통과하는 기체의 종류에 따라 관 속에 채울 건조제를 달리하여야 하는데, 다음 표를 참고하기 바란다.

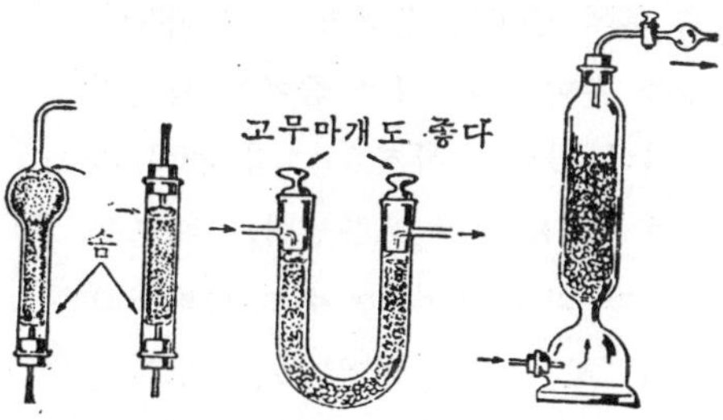

그림-46. 기체 건조 장치

건 조 시 킬 기 체	사 용 하 는 건 조 제
수소, 산소, 염소, 이산화황, 이산화탄소, 염화수소	염화칼슘, 진한 황산
암모니아	소오다석회(산화칼슘과 수산화나트륨)
에틸알코올, 메틸알코올	산화칼슘
에테르, 탄화수소	염화칼슘
아민류	수산화나트륨
에스테르, 아세톤, 클로로포름	탄산칼륨
벤젠, 에테르	금속나트륨

§5. 증류하는 법

(1) 증류에 쓰이는 여러 가지 기구

실험실에서 쓰이는 유리 증류 기구는 그림-47과 같다. 가지 달린 플라스크는 많이 쓰이

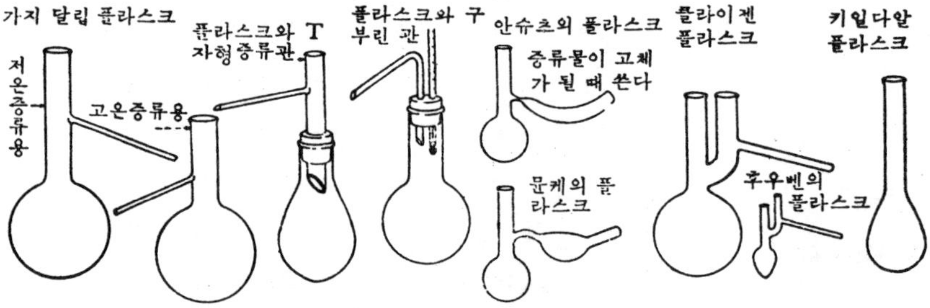

그림-47. 증류 기구

는 것인데, 저온 물질의 증류에는 목이 긴 것을, 고온 물질에는 목이 짧은 것이 적당하다. T자관형의 증류관을 플라스크에 고무 마개로 잇거나 두 구멍이 있는 고무 마개의 한쪽 구멍에 온도계를 꽂고 쓰는 수도 있다. 안슈츠와 문케의 플라스크는 증류물(物)이 굳어지는 것에 쓰면, 냉각관이나 플라스크의 가지가 막히는 일이 없다. 증류한 다음 굳어진 것을 녹여서 꺼낸다. 클라이젠이나 후우벤의 플라스크는 주로 감압 증류에 쓰인다. 키일다알 플라스크는 질산염을 분해하고 암모니아를 증류할 때에 쓴다.

냉각기에는 여러 가지 형태가 있다. 가장 많이 쓰이는 것은 리이비히 냉각기이다. 이것은 안쪽 관에 증기를 통하고, 그 바깥쪽 관에 물을 흘려 속에 있는 증기를 냉각시키도록 되어 있다. 이것은 그림-48과 같이 기울여 쓰는 것이 보통인데, 때로는 그림-49처럼 바로 세워 쓸 수도 있다. 때로는 리이비히 냉각관 대신 그림-50과 같은 사관을 쓸 수도 있다. 비등점이 150° C 이상인 액체를 증류할 때는 공기 냉각으로 충분하므로, 리이비히 냉각기의 바깥관이 필요 없다. 200° C 이상의 액체일

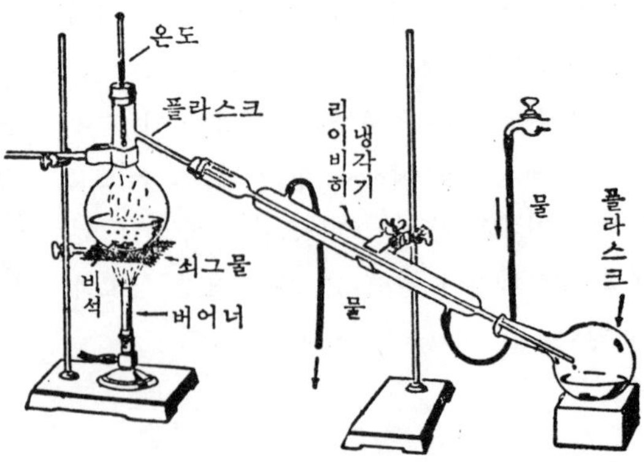

그림-48. 증류 장치

때는 공기 냉각기도 필요 없고, 단지 가지가 긴 가지달린 플라스크를 쓰면 된다. 받는 그릇은 보통 플라스크를 쓴다. 따로 그림-51과 같은 어댑터를 냉각기 끝에 붙이고, 플라스크를 기울이지 말고 그대로 세워 증류액을 받으면 더욱 편리하다.

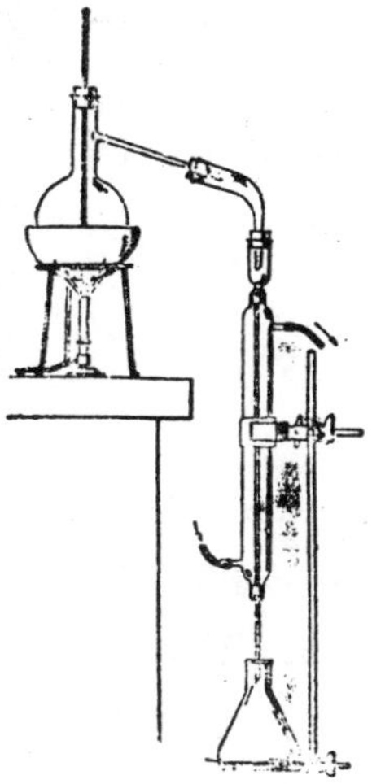

그림-49. 리이비히 냉각기를 세운 장치

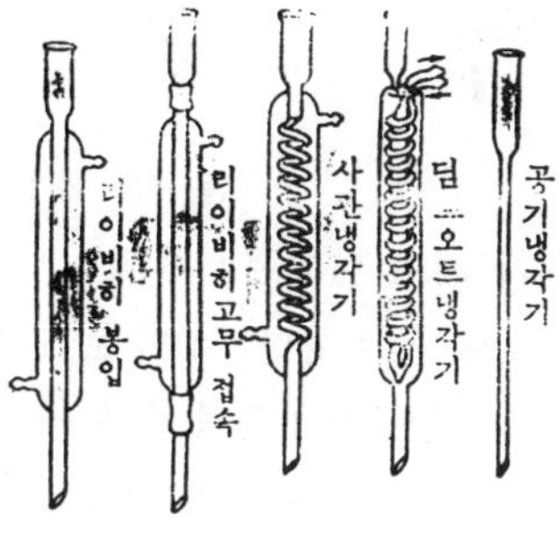

그림-50. 여러 가지 냉각기

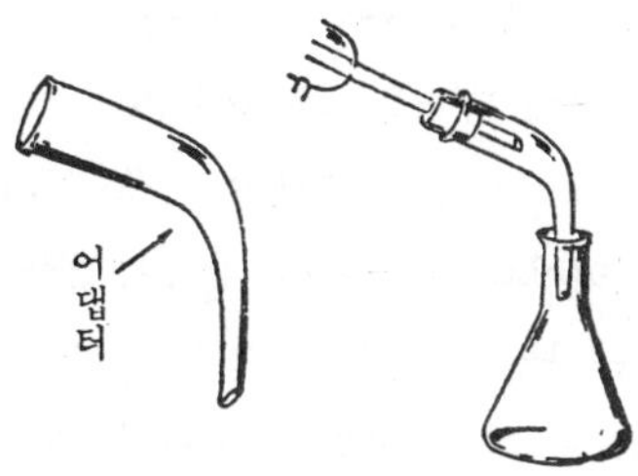

그림-51. 어댑터

(2) 상압 증류

비등점이 80° C 이하인 증류의 가열에는 수욕을 쓴다. 특히 에테르 등을 증류하려면 능률이 좋은 냉각기를 쓸 필요가 있다. 보통 90~250° C 정도인 것의 증류에는 그림-48과 같이 리이비히 냉각기를 쓴다. 물은 밑에서부터 흘려 위로 나가게 한다. 이 때 주의할 점 몇 가지를 적어 둔다.

① 가지달린 플라스크에 고무 마개를 하고 온도계를 끼우는데, 이 온도계의 끝부분이 가지 바로 밑에 오도록 하여야 하며, 고무가 유기물에 녹을 염려가 있을 때는 코르크 마개를 써야 한다.

② 증류하려는 액체는 비등점에 따라 다음과 같이 가열한다.

80° C까지 비등하는 액체……………………………………수욕

80~150° C까지 비등하는 액체……………………………………기름욕(유욕) 또는 가열을 잘 조절할 수 있으면 석면 달린 철망 위에서 가열한다.

증류하려는 액은 플라스크 용량의 $\frac{1}{3}$~$\frac{1}{2}$쯤 넣는다. 너무 많이 넣으면 액이 가지로 넘쳐 나올 염려가 있다. 또한 돌비하는 것을 방지하기 위하여 비등석을 가한다. 증류의 초기에는 휘발성의 불순물이 증류되므로, 처음에 증류되어 나오는 증류액은 내버리는 것이 좋다. 가열은 처음에는 강하게 하고, 끓기 시작하면 끓는 정도에 따라 차츰 약하게 가열한다. 증류 끝에는 비등점이 높은 불순물이 증류되어 나오므로 플라스크에 액이 조금 남아 있을 때 증류를 중지한다.

(3) 감압 증류

대부분의 유기 화합물은 높은 온도로 끓이면 분해하거나 산화한다. 이 경향은 불순물을 포함하면 더욱 심하다. 그러나 이 때 감압하면서 비등점을 낮추어 증류하면 그 분해를 막

을 수 있다. 감압 장치는 보통 그림-52와 같은 것을 쓴다. 비석 대신에 모세관으로부터 기포를 보내 준다. 모세관의 윗부분에 고무관과 나사콕을 달고, 공기의 양을 조절한다. 장치를 맞추고 나면, 증류할 액체를 플라스크에 반쯤 넣

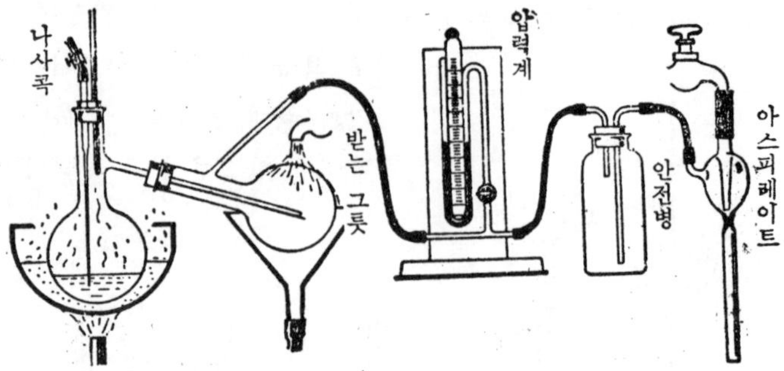

그림-52. 감압 증류

는다. 마개나 장치의 내부에 기체가 새지 않겠는가는 압력계 (manometer)로 조사한다. 아스피레이터를 열어서 감압하면서 가열을 시작한다. 증류를 중지할 때는 버어너의 불을 끈 다음 가열 그릇을 밑으로 내리고, 모세관의 윗부분의 콕을 천천히 열고 압력계의 콕을 가만히 연 다음 안전병과 다른 장치의 고무관의 연결을 떼고, 마지막으로 아스피레이터를 잠근다.

(4) 수증기 증류법

물과 섞이지 않고, 물과 두 액층으로 되는 액체를 저온에서 증류하려고 할 때는, 수증기 증류를 한다. 이 법은 증류하려는 액체 중에 수증기를 통해 주는 것인데, 이렇게 하면 그 수증기 중으로 액체가 증발하고, 그것이 수증기와 같이 유출되어 나오므로 그것을 식혀서

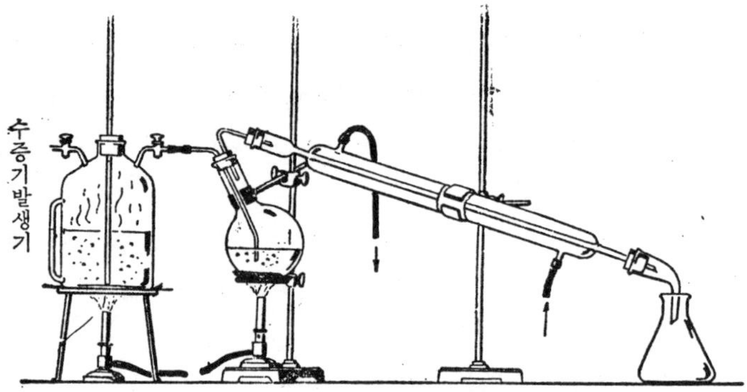

그림-53. 수증기 증류 장치

모은다. 그림-53은 수증기 증류 장치의 가장 간단한 기본형이다. 모으는 그릇에는 물과 유출액이 두 층으로 되어 모여진다.

이렇게 모여진 것을 그림-54와 같은 분액 깔때기에 넣고 잘 흔든 다음 얼마동안 두어 두면 물층과 유출물 층으로 나누어지므로 가만히 콕을 열어서 두 액층의 경계면이 콕까지 내려 오게 한다. 이렇게 하면 물보다 가벼운 물질은 분액 깔때기 속에 남게 되고 물만 밑으로 흘러 내리게 되므로 쉽게 두 층을 분리할 수 있게 된다.

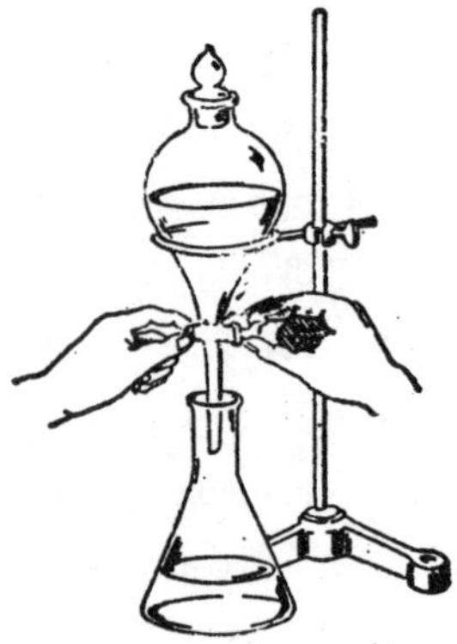
그림-54. 분액 깔때기

2부 실 험 편

※ 실험할 때와 실험 보고서를 쓸 때의 유의 사항

(1) 실험할 때

① 실험실에서는 반드시 실험복(가운)을 입어야 하며, 필요할 때는 지도 교수의 지시에 따라 보안용 안경을 쓰도록 한다.

② 실험대와 그 주위는 늘 청결해야 하며, 물걸레와 마른 걸레를 준비하여 손이 잘 닿는 설합에 넣어 두고 필요할 때 즉시 사용할 수 있도록 한다.

③ 실험을 시작하기 전에 실험 내용을 읽어서 실험의 목적과 방법을 완전히 파악해 두어야 한다. 그리고, 실험을 수행하는 데 필요한 기구와 시약의 양을 조사하여 실험 계획을 세워 가지고 오도록 한다. 실험책의 내용이 확실히 이해되지 않을 때는 개별적으로 지도 교수에게 질문하여 의문점을 해결한 다음 실험에 임하도록 한다.

④ 실험 결과는 실험을 하면서 그 때 그 때 관찰된 바를 바르게 기록하여야 한다. 실험 결과에는 실험자의 선입관이 개재되어서는 안 된다.

⑤ 시약은 사용하기 전에 반드시 라벨을 읽어서 자기가 필요한 것인가를 확인하여야 한다.

⑥ 고체 상태의 시약을 시약병에서 덜어 낼 때는 약수저를 병에 집어 넣어서는 안 되며, 필요한 근사량을 셀로판 종이 조각에 덜어 내어 필요한 만큼을 달아서 쓰고, 나머지는 시약병에 다시 넣지 말고 다른 실험자에게 넘겨 주든가 아니면 버리도록 한다.

⑦ 액체 상태의 시약을 덜어 낼 때는 피펫을 시약병에 직접 넣지 말고 라벨이 상하지 않도록 유의하면서 작은 용량을 취하여 사용하고, 나머지는 버리도록 한다.

⑧ 필요 이상의 시약을 써서는 안 된다. 시약을 아낀다는 것 외에도 시약을 많이 사용하면 뜻하지 않은 결과가 나올 때가 많다.

⑨ 약저울에 약품을 달 때 고체는 시계접시나 셀로판 종이를 사용하여 저울판에 직접 닿지 않도록 하여야 한다. 액체 시약을 달 때는 시약이 용기의 밖에 묻어 있지 않은가를 확인한 다음 시약이 밖으로 튀어 나오지 않도록 조심하여 평량한다.

⑩ 액체 상태의 노폐물은 반드시 싱크에 버려야 한다. 강산을 버렸을 때에는 수도물로 수분동안 씻어 내려야 한다. 그리고 고체 상태의 노폐물은 쓰레기통에 버리도록 한다.

⑪ 유독하거나 자극성 기체를 다루는 실험은 반드시 후드 속에서 하여야 한다.

⑫ 사고나 부상을 당하였을 때는 경미한 것이라도 즉시 지도 교수에게 알려 필요한 조처를 취하도록 한다.

⑬ 실험 지도서에 지시되어 있지 않은 다른 실험은 절대로 해서는 안 된다. 이러한 부주의는 의외의 사고를 유발할 가능성이 크기 때문이다.

⑭ 실험을 마치면 용기에 묻은 오물을 즉시 제거하여 깨끗이 닦아 두도록 한다. 그리고 시약과 기구를 제자리에 잘 정돈하고 실험대를 깨끗한 물걸레로 청결하게 닦도록 한다.

⑮ 실험실을 떠날 때는 전기 스위치를 모두 끄고, 수도전과 가스콕이 꼭 잠겨 있는가를 반드시 살펴야 한다.

(2) 실험 보고서를 쓸 때

① 본 실험서는 실험 내용에 대한 선입관을 되도록 배제하고 객관적으로 물질의 변화를 관찰할 수 있도록 하기 위하여 실험하면서 바로 실험 보고서를 써 나가도록 엮었다.

② 그러므로, 지시된 실험이 끝나면 즉시 그 결과를 해당 난에 바르게 기입하여야 한다. 그리고, 어떤 내용을 기술할 필요가 있을 때는 문제되는 점만을 간결하게 쓰도록 한다.

③ 따라서 실험 시간에는 실험 지도서를 반드시 지참해야 하며, 필요에 따라서는 화학 교과서를 참조하여야 할 때가 많으므로 화학 교과서도 함께 가져오도록 한다.

④ 실험이 끝나면 작성된 보고서에 성명과 실험 날짜를 기입하여 실험실을 떠날 때 지도 교수에게 제출한다.

⑤ 제출한 실험 보고서는 지도 교수의 점검이 끝나면 다음 실험 시간이 시작되기 전에 돌려 받게 되는데, 이것은 순서대로 철하여 두었다가 실험 시험의 자료로 이용하도록 한다.

1장 물질의 성질과 화합물의 분리

실험-1. 물리적인 성질과 화학적인 성질

실험 목적

물리적인 성질과 화학적인 성질의 차이를 간단한 실험을 통하여 살펴본다.

기 구

비이커, 분젠 버어너, 집게, 시험관, 증발접시, 스탠드 및 링, 삼각 석쇠, 교반봉, 깔때기

시 약

엷은 구리 조각, 백금선, Mg 리본, *d*-HCl, *c*-HNO_3, Na_2CO_3, $CaCl_2$

유의 사항

(1) 1부 예비편의 2장의 내용 중에서 분젠 버어너의 사용법을 다시 익혀라.

(2) 진한 질산은 피부에 묻으면 노란색으로 변색되어 쉽게 지워지지 않으니 피부에 묻지 않도록 조심하라.

(3) 용액을 증발 농축할 때는 세게 가열하면 용액의 작은 방울이 밖으로 튀어 나오므로 불꽃을 멀리하여 서서히 증발시키도록 한다.

실험법 및 결과 보고

(1) 구리 조각, 백금선, 및 마그네슘리본을 가지고 각각 다음 실험을 하여 보아라.

① 구리 조각의 색깔과 모양을 관찰한 다음 이것을 집게로 잡고 분젠 버어너의 바깥 불꽃에서 달구어질 때까지 가열한 다음 불꽃을 끊고 식는 과정을 자세히 살펴 보아라. 어떤 변화가 일어나는가?

구리 조각의 표면에 생성된 물질과 구리의 성질을 비교하여 보아라.

이 때 일어난 변화를 화학 방정식으로 기술하여라.

---

② 백금선과 마그네슘리본을 가지고 ①과 같은 실험을 하라. 어떤 결과가 나타나는가?

③ 마그네슘을 가열하여 얻은 물질을 실험관에 옮기고 여기에 소량의 물을 가하여 보아라. 잘 녹는가?

④ 계속하여 묽은 염산을 몇 방울 가하여 보아라. 어떤 변화가 일어나는가?

이 때의 변화를 화학 방정식으로 기술하여라.

⑤ 백금선과 변화되지 않은 구리 조각 및 마그네슘리본을 각각 시험관에 넣고 여기에 묽은 염산 3~4 ml 씩을 가하여라. 어떤 변화가 일어나는가?

변화가 없는 까닭은 무엇인가?

⑥ ⑤와 동일한 실험을 진한 질산을 써서 하여 보아라. 어떤 결과가 나타나는가?

이 변화의 화학 방정식을 써라.

⑦ 백금선을 건져 내어 물로 씻은 다음 잘 관찰하여 보아라. 변화된 흔적을 찾을 수 있는가?

왜 이러한 결과가 나타난다고 보는가?

(2) 2g의 탄산나트륨을 30ml의 증류수에 녹여라. 잘 녹지 않거든 약간 가온하여 주고, 녹은 용액을 3등분하여 다음 실험을 하여 보아라.

① 첫 부분을 증발접시에 옮기고 서서히 가열하여 물을 모두 증발시켜 보아라. 이 때 얻어진 물질을 탄산나트륨과 비교하여 보아라. 변화가 있는가?

② 둘째 부분을 50ml 비이커에 옮기고 염산을 잘 저어가면서 몇 방울씩 가하여 보아라. 어떤 변화가 일어나는가?

③ 더 이상 반응이 일어나지 않을 때까지 염산을 가하여 준 다음 이 용액을 증발접시에 옮겨 증발·건고시켜 보아라. 이 때 얻어지는 물질을 탄산나트륨과 비교하여 보아라. 어떤 점이 다른가?

이 때의 변화를 화학 방정식으로 써라.

④ 세째 부분에 염화칼슘 수용액을 조금씩 가하여라. 어떤 변화가 일어나는가?

이러한 변화는 왜 일어난다고 생각하는가?

⑤ 반응이 더 이상 진행되지 않을 때까지 충분한 양의 염화칼슘 수용액을 가하여 준 다음 침전을 걸러라. 상등액을 증발접시에 옮겨 증발·건고시켜 얻어지는 물질의 성질을 조사하여 보아라.

⑥ 침전은 다시 비이커에 옮기고 여기에 묽은 염산을 한 방울씩 가하여 보아라. 어떤 변화가 일어나는가?

---

(2)-②의 변화와 이 변화 간의 공통점과 차이점은 무엇인가?

---

⑦ 침전을 다 녹인 다음 이 용액을 증발접시에 옮겨 증발·건고시켜 보아라. 이 때 얻어지는 물질과 염화칼슘을 비교하여 보아라. 상통점이 있는가?

---

(3) 앞에서 실험하여 본 내용을 종합하여 화학적인 성질과 물리적인 성질의 차이를 간략히 기술하여라.

---

(4) 앞에서 실험하여 얻은 결과를 물리적 변화와 화학적인 변화로 구분하여 기술하여라.

① 물리적인 변화 :

---

② 화학적인 변화 :

---

(5) 이 실험 결과를 이용하여 백금, 구리, 마그네슘의 분말이 섞여 있는 혼합물로부터 각 성분을 어떻게 하면 분리해 낼 수 있는가?

실험-1	실험대 번호	학과 년 번		실 험 일 자	제 출 일 자	검인
		이름		년 월 일	년 월 일	

실험-2. 액체와 고체의 밀도

실험 목적

밀도는 물질의 고유한 성질 중의 하나이다. 그러므로 미지 물질의 밀도를 측정하여 내면, 밀도를 이미 측정하여 알아낸 여러 물질의 밀도값을 수록한 표로부터 이 측정하여 낸 값과 근사한 값을 찾아냄으로써 대체로 이 물질이 어떤 것인가를 짐작하여 낼 수 있다. 이 실험에서는 측정하기 비교적 쉬운 경우를 들어, 그 밀도값을 측정하여 본다.

기 구

50 ml 플라스크(잘 맞는 마개가 있는 것), 저울

시 약

증류수, 밀도를 측정하고자하는 액체(유기 용매), 밀도를 재고자하는 고체(금속), 아세톤

유의 사항

(1) 고체의 밀도를 측정할 때에는 밀도를 알고자하는 고체가 액체와 반응하거나 녹지 않아야 한다.

(2) 액체의 밀도가 고체의 밀도보다 작아서 고체가 액체에 가라앉는 것이어야 한다.

실험법 및 결과 보고

(1) 액체의 밀도

① 플라스크를 비누로 깨끗이 씻은 다음 소량의 아세톤으로 두 번 가량 씻어 낸다. 공기 중에 한동안 방치하여 아세톤이 완전히 증발한 다음 마개를 포함한 이 무게를 mg까지 정확하게 달아라.

플라스크의 무게 : ______________________

② 이 플라스크에 증류수를 거의 병목이 찰 때까지 채우고 병마개를 닫아 병 속에 남아 있는 공기와 여분의 물을 밖으로 몰아내어라. 그리고 플라스크 밖 벽에 묻은 물기를 말린 다음 이 무게를 mg까지 정확하게 달아라.

물의 무게 : ______________________

③ 이 플라스크의 정확한 부피는 얼마인가? (단, 실험실 온도는 20°C로 가정하고, 이 때의 물의 밀도는 0.9982 g/ml 이다.)

____

____

④ 플라스크 중의 물을 버리고 ①에서와 같이 하여 물기를 완전히 말린 다음 밀도를 측

정하고자하는 액체를 거의 병목까지 채워 ②에서와 같은 요령으로 병 밖에 묻은 액체를 닦아 내어 말린 다음 mg까지 정확하게 달아라. 또, 액체의 무게는 얼마인가?

병+액체시료의 무게 : .... g

액체시료의 무게 : .... g

⑤ 실험 ③에서 구한 값을 이용하여 이 액체의 밀도를 계산하여라.

....

....

⑥ 이 밀도값을 화학편람에 실려 있는 밀도값과 비교하여 이 액체가 대체로 무엇이겠는가를 짐작하여 보아라.

....

(2) 고체의 밀도

① (1)에서 사용한 플라스크 중의 액체를 비우고 아세톤으로 깨끗이 씻어 말린 다음 여기에 밀도를 측정하고자하는 금속의 덩어리를 $\frac{1}{3}$ 가량 채워 넣고 이 무게를 mg까지 정확하게 평량하여라.

금속의 무게 : .... g

② 플라스크의 공간을 물로 채우고 금속의 덩어리를 굴려 내부에 공기가 남아 있지 않도록 몰아낸 다음, 병목까지 물을 채우고 (1)-②에서와 같은 요령으로 그 무게를 달아라.

이 값과 (1)-③의 값을 이용하여 금속의 부피를 산출하여라.

....

....

③ (2)-①에서 알아낸 금속의 무게와 (2)-②에서 구한 금속의 부피로부터 이 금속의 밀도값을 계산하여라.

....

....

④ 이 밀도 값을 화학편람에 실려 있는 여러 금속의 밀도값과 비교하여 이 금속이 무슨 금속인가를 판정하여 보아라.

....

....

(3) 고체의 밀도를 측정할 때 금속 덩어리 중의 공기를 완전히 몰아내지 않으면 측정하여 낸 밀도값은 참값보다 커지겠는가, 또는 작아지겠는가?

(4) 25°C에서 무게가 36.882g인 마개가 잘 맞는 플라스크에 증류수를 채워 달아보니 64.994g이고, 같은 온도에서 아세톤을 채우고 달아 보니 59.139g이었다. 또한 크롬 금속의 덩어리를 플라스크에 넣어 달아 보니 88.668g이고, 크롬 금속을 넣은 채 아세톤을 채우고 달아 보니 105.201g이었다. 이 값으로 부터 아세톤과 크롬 금속의 밀도를 계산하여 내어라(단, 25°C에서 물의 밀도는 0.9970g/ml이다.)

실험-2	실험대 번호	학과 년 번		실험일자	제출일자	검인
		이름		년 월 일	년 월 일	

실험-3. 용 해 도

실험 목적

일정량의 용매에 포화될 때까지 녹아 들어가는 물질의 양은 일정한 온도에서 용질마다 일정하다. 이 실험에서는 액체 상태의 용매에 기채, 액체 및 고체 상태의 용질이 녹아 들어가는 경우 중에서 비교적 간단한 실험을 통하여 용해도의 의미를 알아본다.

기 구

비이커, 온도계, 시험관, 알코올 램프, 큰시험관, 고무마개(큰 시험관에 맞는 것), 니크롬선(20 cm), 스탠드 및 링, 그물석면

시 약

물, 에틸알코올, 사염화탄소, 글리세린, 에텔, 무수염화칼슘, 무수황산구리, 질산칼륨

유의 사항

(1) 에테르는 인화성이 대단히 크므로 화기에 극히 조심하여야 한다.

(2) 고체의 용해도를 측정할 때는 온도를 정확하게 재어야만 한다.

실험법 및 결과 보고

(1) 액체에 녹는 기체

① 비이커에 수도물을 담고 50°C까지 가온하여 보아라. 어떠 현상이 일어나는가?

----

② 위의 결과로부터 액체에 녹는 기체의 용해도는 온도가 올라가면 어떻게 달라질 것인가를 예측하여 보고, 그 까닭을 설명하여라.

----

③ ②에서와 같이 온도의 영향을 받는다는 사실로부터 기체의 용해도에 미치는 다른 한 가지 요인을 찾아내어라.

----

④ 위의 결과를 종합한 것을 무슨 법칙이라 하는가?

----

(2) 액체에 녹는 액체

① 두 시험관에 각각 다음에 짝지은 액체 2 ml씩을 혼합하여 잘 흔들어 준 다음, 정치하여 경계를 이루는 것과 경계 없이 완전히 섞이는 것을 구별하여라.

물과 에틸알코올 :

물과 글리세린 :

물과 사염화탄소 :

에틸알코올과 사염화탄소 :

글리세린과 사염화탄소 :

에틸알코올과 글리세린 :

또한 층이 생기지 않고 잘 섞이는 까닭은 무엇인가?

② 시험관에 시약용 에테르 5 ml를 취하고 여기에 무수염화칼슘의 몇 조각을 가하고 마개를 꼭 막아 한동안 방치하여 두어라. 이 때 어떤 변화가 일어나는가?

③ 다음에 이 에테르를 5 ml의 물이 들어 있는 다른 시험관에 옮겨 섞어 준다. 이 때 염화칼슘이 물에 들어가지 않도록 조심하여 이 혼합액을 잘 흔들어 준 다음 정치하여라. 어떻게 되는가?

④ 에테르층만을 피펫으로 흡인하여 약간의 무수황산구리가 들어 있는 시험관에 가하여 보아라. 이 때 에테르를 옮기는 피펫과 황산구리를 담을 시험관은 물기를 완전히 말린 것을 사용하여야 한다. 어떤 변화가 일어나는가?

⑤ 이 변화는 무엇 때문에 일어나며, 이 사실로서 물과 에테르 간의 용해도에 관하여 어떤 사실을 알 수 있는가?

(3) 액체에 녹는 기체

① 8인치 시험관을 가지고 그림-55와 같은 장치를 꾸민다. 온도계는 시험관 안의 내용물에 잠기도록 깊이 꽂고, 니크롬선 교반봉은 좌우로 겨우 돌릴 수 있을 정도로 끼워 넣어 물의 증발량을 최소한으로 줄여 준다.

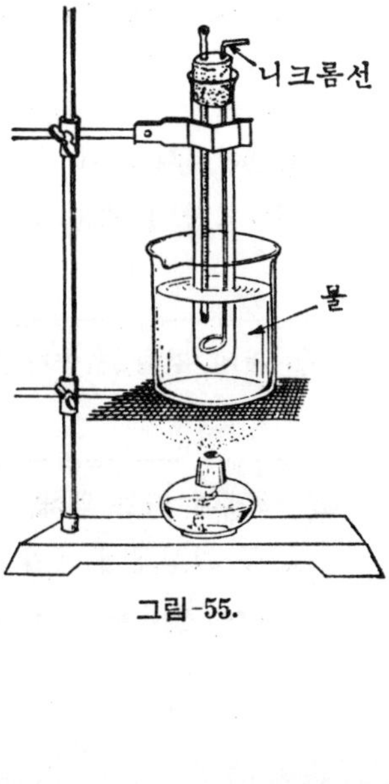

그림-55.

② 질산칼륨 10 g을 0.1 g까지 정확하게 달아 시험관에 완전히 옮기고, 여기에 피펫으로 5 ml의 물을 정확히 취하여 가하여 준 다음 마개를 꼭 막고 질산칼륨이 모두 녹을 때까지 저어 주면서 가열한다. 다 녹은 다음에 가열을 중단하고, 니크롬선 교반봉으로 저어 주면서 다시 침전이 생겨날 때의 온도를 정확히 측정한다. 이 온도 부근에서

는 온도를 약간 높여 주었다 다시 온도를 낮추면서 관측하는 등 정밀하게 침전이 생겨나는 온도를 측정해야 한다.

---

③ 다음에는 시험관에 다시 정확히 물 5 ml를 더 가하여 준 다음 (3)-②에서와 꼭 같은 요령으로 포화 용액으로부터 침전이 생성되는 온도를 측정한다. 이러한 조작을 5회 정도 반복하여 온도를 잰다.

---

④ 위에서 측정된 각 온도에서 물 100 g에 녹는 질산칼륨의 무게를 계산하여라. (단, 물의 실험실 온도에서의 밀도 값을 부록에서 찾아 이용하여라.)

온　　도(°C)					
가하여 준 물에 포화될 때까지 녹는 KNO_3의 무게 (g)					
100 g의 물에 포화될 때까지 녹는 KNO_3의 무게 (용해도)					

⑤ 위의 자료를 다음 그림-56의 그래프 용지에 횡축은 온도, 종축을 용해도로 잡아 플롯하여 용해도 곡선을 완성하여라.

---

⑥ 이 용해도 곡선에서 50°C 때의 질산칼륨의 용해도를 구하고, 이 값을 화학편람에 실려 있는 값과 비교하여 보아라.

---

⑦ 질산칼륨과 같이 온도를 높여 주면 용해도가 커지는 까닭은 무엇인가?

---

⑧ 화학편람에 실려 있는 NaCl의 각 온도에서의 용해도 값을 참조하여 같은 양의 KNO_3와 NaCl이 섞여 있는 혼합물에서 KNO_3를 어떻게 하면 분리하여 낼 수 있겠는가?

---

⑨ 60°C의 KNO_3 포화 용액 200 g을 취하여 20°C로 냉각시키면 KNO_3 몇 g이 석출되겠는가?

실험-3	실험대 번호	학과　년　번		실험 인 자	제 출 인 자	검인
		이름		년　월　일	년　월　일	

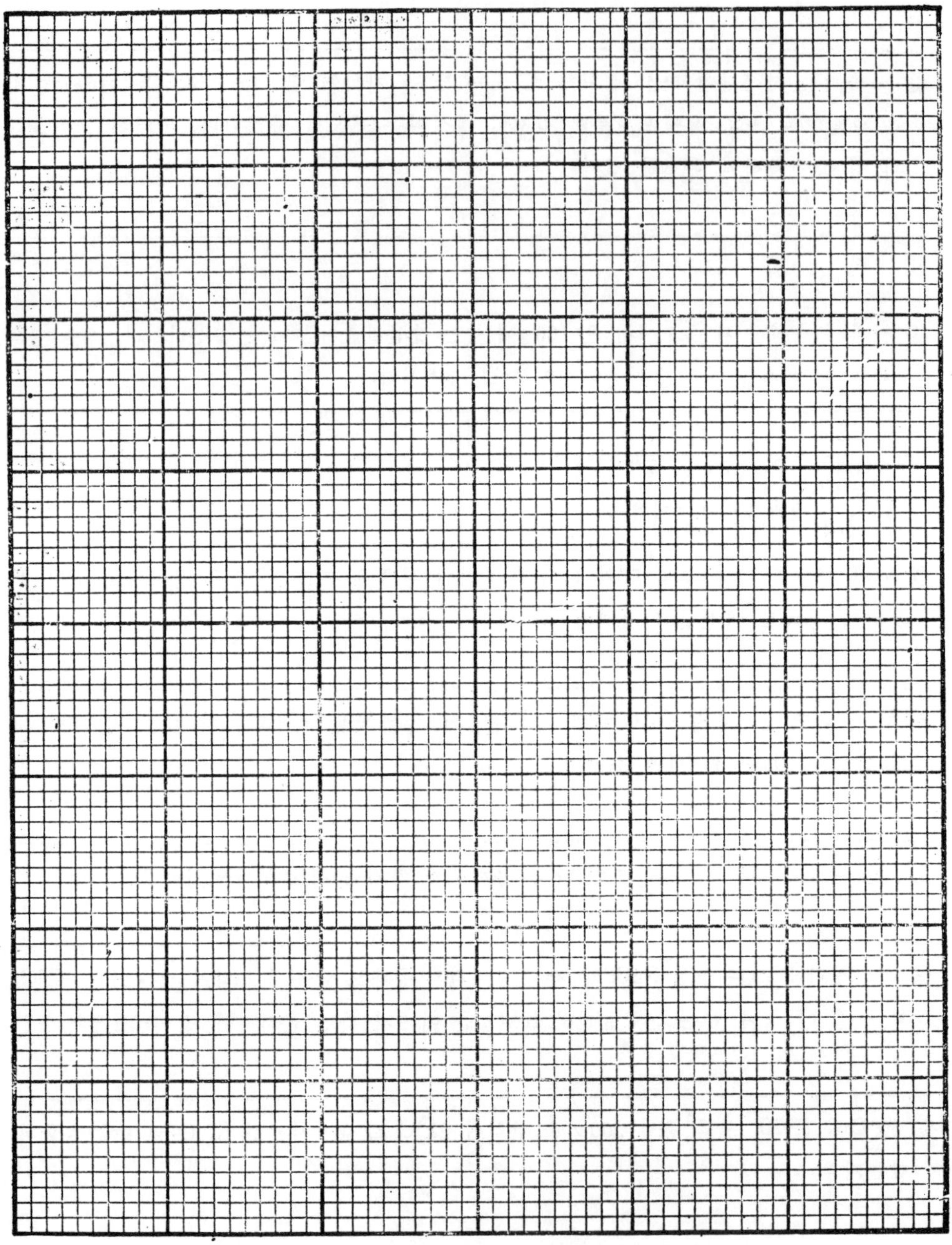

그림-56. 그래프 용지

실험-4. 재 결 정

실험 목적

높은 온도와 낮은 온도에서의 용해도의 차이가 큰 결정성 고체는 높은 온도에서 이 고체의 포화 용액을 만들어 이것을 빨리 걸러 온도를 낮추어 주면 비교적 불순물을 적게 함유하는 발이 작은 결정을 얻을 수 있다. 이 실험에서는 비교적 불순물을 많이 함유하고 있는 $CuSO_4 \cdot 5H_2O$ 를 재결정하여 순도가 좋은 $CuSO_4 \cdot 5H_2O$ 의 결정을 얻어 낸다.

기 구

Büchner 깔때기, 플라스크, 흡인병, 흡인 장치(아스피레이터), 여과기, 데시케이터, 온도계, 가열기

시 약

공업용 $CuSO_4 \cdot 5H_2O$, 증류수, c-H_2SO_4, Br_2, 50 % H_2SO_4, NH_4OH, KSCN

유의 사항

(1) 결정성 고체가 용해되어 있는 수용액을 서서히 증발 농축시키면 대체로 큰 결정이 얻어지나 여기에는 대개 불순물이 많이 포함되어 들어온다. 다시 말하면 결정을 빠르게 석출시킬수록 불순물이 적게 포함된 작은 결정체를 얻어낼 수 있다.

(2) 공업용 $CuSO_4 \cdot 5H_2O$ 에는 $FeSO_4$ 가 주로 많이 함유되어 있다.

실험법 및 결과 보고

(1) **$CuSO_4 \cdot 5H_2O$ 의 정제**

① 공업용 $CuSO_4 \cdot 5H_2O$ 결정 40 g 을 달아 200 ml 의 삼각 플라스크에 옮기고 여기에 100 ml 의 증류수를 가하고 결정이 모두 녹을 때까지 약간 가온하여 준다. 이 용액을 그림-57과 같이 흡인 여과한다. 여과할 때는 Büchner 깔때기의 밑면과 꼭 같게 여과지를 잘 오려서 써야 한다.

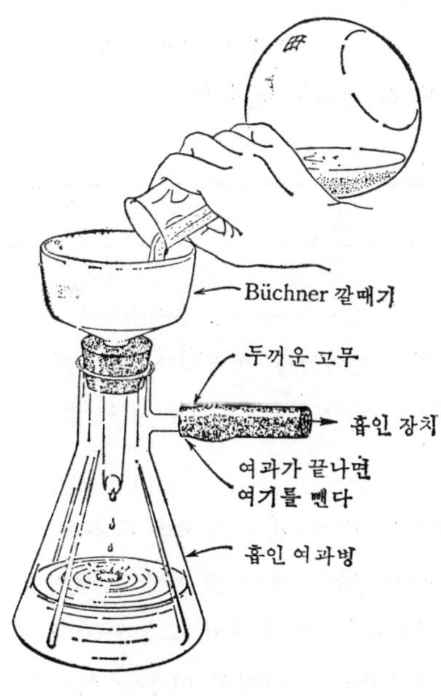

그림-57. Büchner 깔때기

② 여과지에 걸러 나오는 고형 물질은 버리고 여액을 200 ml 비이커에 옮겨 그 용량이 약 반으로 줄 때까지 증발 농축시켜 준다. 이 때 용액이 약간 혼탁해지면 진한 황산을 몇 방울 떨어뜨려 준다. 왜 이렇게 하여 주어야 하는지 생각하여 보아라.

③ 이 용액을 교반봉으로 잘 저어 주면서 냉각시켜 준다. 이 때 될 수 있는 대로 온도를 빨리 낮추어 주어야만 불순물이 적게 함유하고 있는 결정을 얻을 수 있다. 이 때 석출된 결정을 (1)에서와 같이 여과하여라. 이 때 깨끗한 병마개로 침전을 압착하여 물기가 완전히 빠져 나가도록 한다. 모액은 100 ml 삼각 플라스크에 옮겨 마개를 꼭 막아 보관하고 침전은 깨끗한 시계접시에 옮겨 데시케이터 속에 넣어 말린다. 이 때 건조제로는 50 % H_2SO_4 가 알맞다.

(2) 불순물 함유량의 비교 확인

① 실험 (1)-③에서 모아 둔 모액 10 ml 를 취하여 50 ml 비이커에 담고 여기에 진한 암모니아수를 몇 방울씩 떨어뜨려 준다. 이 때 어떤 변화가 일어나는가?

이 때의 화학 변화를 화학 방정식으로 기술하여라.

② 암모니아수를 더 가하여 주면 진한 남색의 용액이 얻어진다.
왜 이러한 변화가 일어나는가?

③ 이 용액을 깔때기를 사용하여 걸러 내고, 침전을 소량의 증류수로 씻어 내려 준 다음 거름종이에 남아 있는 물질을 잘 관찰하여 보아라. 이 물질은 무엇이라 생각되는가?

④ 거름종이에 묻어 있는 물질을 증류수로 여액이 푸른 빛깔을 띠지 않을 때까지 씻어 내린 다음에 묽은 염산 몇 방울을 떨어뜨려 침전을 녹여 내리고 이것을 시험관에 받는다. 여기에 후드 중에서 브롬수(Br_2) 몇 방울을 가하고 잘 혼들어 준다. 브롬수는 산성 용액 중에서 제일철 이온을 제이철 이온으로 산화시켜 준다. 이 변화를 화학 방정식으로 기술하여라.

다음에 여기에 KCSN 용액 몇 방울을 가하여 보아라. 어떤 변화가 일어나는가?

이 변화의 화학 방정식을 써라.

이 변화는 어떤 목적에 이용될 수 있겠는가?

(3) 재결정하여 얻어 낸 황산구리의 포화 수용액을 만들어 (2)에서와 꼭 같은 실험을 하여 보고, 그 결과를 (2)의 결과와 비교하여 보아라.

실험-4	실험대 번호	학과 년 번		실험일자	제출일자	검인
		이름		년 월 일	년 월 일	

실험-5. 분별 증류

실험 목적

분별 증류의 원리를 간단한 실험을 통하여 알아본다. 용매와 용질의 휘발성의 차이가 대단히 클 때는 1회의 증류로서 용매와 용질이 쉽게 분리될 수 있다. 그러나, 용매와 용질의 휘발성이 큰 차이가 없을 때에는 단 한 번만의 증류로는 용매와 용질을 분리하여 내기 어렵고, 증류 조작을 여러 번 되풀이하여야만 분리가 가능하다.

기 구

결가지 달린 큰 시험관, 큰 시험관, 비이커, 온도계, 스탠드 및 링, 클램프, 분젠 버어너, 석면그물, J자 모세관, 공기 유도관

시 약

액체 혼합물 시료, 면실유, 얼음

유의 사항

액체 혼합물 시료는 휘발성의 차이가 크지 않고 끓는 점이 그다지 높지 않은 유기 용매를 적당한 비율로 섞어 조제한 것이다.

실험법 및 결과 보고

(1) 혼합물 간이 증류

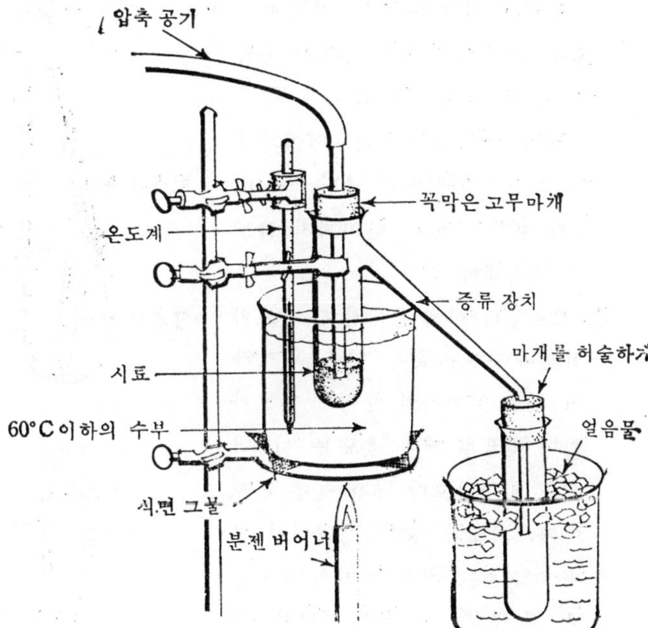

그림-58. 간이 증류 시험 장치

① 그림-58과 같은 장치를 꾸미고 결가지 달린 시험관에 30 ml의 액체 혼합물을 넣고 그 높이를 4 등분하여 물에 씻기지 않는 것으로 눈금을 그어 둔다. 그리고 시료가 들어 있는 시험관의 마개는 새지 않도록 꼭 막고 유분을 받는 시험관의 마개는 약간 허술하게

막아 둔다.

왜 이렇게 하여야 하는가?

---

② 시험관이 담겨 있는 비이커의 물을 가온하여 줌으로써 공기 유도관을 통하여 밖의 공기를 불어 넣어 혼합물을 증발시켜, 그 유분을 얼음물에 담근 시험관에 받는다. 이 때 물의 온도는 60°C가 넘지 않도록 불꽃을 조절하여 주어야 한다.

③ 혼합 용액이 첫 눈금까지 $\frac{1}{4}$ 증발하였을 때 증류되어 나온 유분과 곁가지 달린 시험관에 남아 있는 액체를 그림-59에서와 같은 한쪽 끝이 막혀 있는 안지름이 3~5 mm 정도의 J자 관에 각각 소량씩 취하여 이 액체의 비등점을 (2)에서와 같이 잰다.

④ 계속하여 $\frac{1}{2}$ 및 $\frac{3}{4}$이 증발하였을 때 남아 있는 액체의 비등점을 같은 방법으로 잰다.

(2) 액체의 비등점 측정

① 그림-59와 같은 장치를 꾸미고 시험관에는 면실유를 적당량 넣는다.

실험 (1)에서 취하여 보관하고 있는 각 액체 시료를 순서가 바뀌지 않도록 하나씩 그림과 같이 거꾸로 넣고 온도계를 저어가면서 서서히 가열하여 준다. 이 때 J자 관의 액체가 쏟아지지 않도록 조심해야 한다.

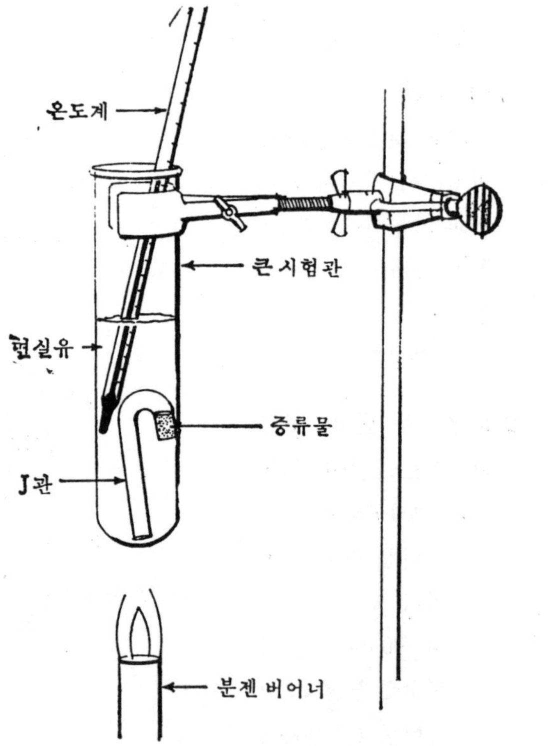

그림-59. 비등점 측정 실험 장치

② 모세관의 아래 끝에서 첫 기포가 발생하거든 불꽃을 더욱 멀리하여 열을 약화시켜 준다. 기포가 많이 발생할 때의 온도는 이 액체의 비등점보다 약간 높은 온도이다. 기포가 많이 생겨나면 불을 끄고 온도계를 보면서 모세관의 끝 부분을 잘 살펴 보아라. 모세관의 끝으로 기름이 약간 들어가기 시작할 때의 온도가 이 액체의 비등점이다.

(3) 측정된 비등점의 해석

㉠ $\frac{1}{4}$이 증발하여 나온 유분 : .... °C

㉡ $\frac{1}{4}$이 증발한 후 잔유물 : °C

㉢ $\frac{2}{4}$가 증발한 후 잔유물 : °C

㉣ $\frac{3}{4}$이 증발한 후 잔유물 : °C

① ㉠의 비등점과 ㉣의 비등점을 비교하여 보아라. 어느 편이 높은가?

② 비등점이 ㉣의 경우로 갈수록 어떻게 변하는가?

왜 이러한 현상이 일어나는가?

③ 실제로 증류하여 얻은 유분을 다시 증류하고, 두 번째 증류에서 얻은 유분을 또 다시 증류하면 마침내는 어떤 성분이 분리되어 나오게 되겠는가?

④ 이 사실로써 분별 증류법을 간략하게 설명하여라.

실험-5	실험대 번호	학과 년 번		실험일자	제출일자	검인
		이름		년 월 일	년 월 일	

㉡ $\frac{1}{4}$이 증발한 후 잔유물 : ℃

㉢ $\frac{2}{4}$가 증발한 후 잔유물 : ℃

㉣ $\frac{3}{4}$이 증발한 후 잔유물 : ℃

2장 화학의 기본 법칙

실험-6. 질량 불변의 법칙

실험 목적

이 실험에서는 측정이 비교적 용이한 반응을 예를 들어 반응계 물질의 총량과 생성계 물질의 총량을 측정하여 냄으로써 질량불변의 법칙을 실험적으로 밝힌다.

기 구

125 ml 삼각 플라스크, 500 ml 플라스크 및 마개, 시험관, 약저울

시 약

$BaCl_2$, Na_2SO_4, 양초

실험법 및 결과 보고

(1) 침전이 생성되는 반응

① 농도가 같은 $BaCl_2$ 및 Na_2SO_4 수용액 15 ml씩을 취하여 $BaCl_2$ 수용액은 100 ml 삼각 플라스크에 넣고, Na_2SO_4 수용액은 시험관에 넣어 삼각 플라스크에 두 용액이 섞이지 않도록 세워 놓고 약 저울 위에 얹어 그 무게를 단다.

---

② 시험관에 담긴 Na_2SO_4 수용액을 삼각 플라스크에 담긴 $BaCl_2$ 수용액에 주입하여 준다. 어떤 변화가 일어나는가?

이 변화를 화학 방정식으로 기술하여라.

이 때 무게의 변화가 있는가?

---

③ 이 사실에 의하여 질량 불변의 법칙을 설명하여라.

---

(2) 연소 반응

① 그림-60과 같이 마개가 아주 잘 맞는 500 ml 플라스크의 병마개 아래 부분에 양초 도막을 붙여 이것을 막고 불을 붙이지 않고 저울에 얹어 단다.

---

② 다음 이 마개를 빼어 초에 불을 붙여 곧 마개를 단단히 막고 다시 저울 위에 얹고 그 무게가 달라지는가를 살펴 보아라. 변화가 있는가?

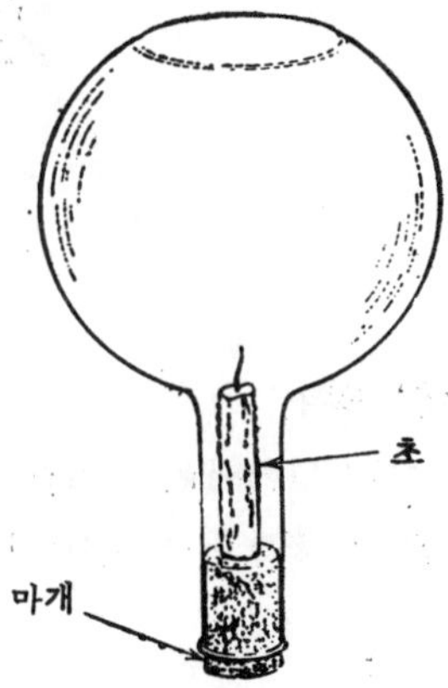

그림-60

③ 촛불은 계속하여 잘 타는가?

어떤 변화가 일어나는가?

이 변화가 발생하는 까닭은 무엇인가?

---

④ 이러한 현상을 생물학, 지학 등 다른 자연 과학의 분야와 관련시킬 수 있는가?

실험-6	실험대 번호	학과 년 번		실험일자	제출일자	검인
		이름		년 월 일	년 월 일	

실험-7. 정비례의 법칙

실험 목적

일정량의 금속과 결합하는 비금속 원소의 무게를 실험적으로 측정하여 이 결과로부터 정비례의 법칙을 이끌어 낸다.

기 구

도가니, 도가니집게, 삼각석쇠, 분젠 버어너, 스탠드 및 링

시 약

구리선, 황

유의 사항

이 실험 과정에서 발생되는 이산화황(아황산가스)은 자극취가 있고 유독하므로 반드시 후드 속에서 이 실험을 실시해야 한다.

실험법 및 결과 보고

(1) 황화물의 제조

① 두 개의 뚜껑이 잘 맞는 도가니를 준비하여 삼각석쇠 위에 각각 올려 놓고 분젠 버어너로 서서히 가열하다가 마지막 2~3분 동안은 아주 세게 가열하여 도가니를 벌겋게 달구어라. 그런 다음 불을 끄고 도가니를 실온으로 식힌 다음 그 무게를 10 mg까지 정확하게 달아라. 무게를 단 각 도가니에 각각 1 g 및 2 g의 구리선을 납작하게 말아 넣고 다시 그 무게를 같은 요령으로 달아라.

도가니 (1)과 구리 무게 : ______ g	도가니 (2)와 구리 무게 : ______ g
도가니 (1)의 무게 : ______ g	도가니 (2)의 무게 : ______ g
구리의 무게 : ______ g	구리의 무게 : ______ g

② 각 도가니에 황가루를 구리선이 덮일 정도로 가하고 후드 속에서 처음에는 약하게 가열하다가 점차 불꽃을 강하게 하여 마지막 10분 동안은 도가니가 완전히 달구어질 때까지 가열하여 준다. 불을 끄고 도가니 뚜껑을 연 다음 실온으로 식힌 후 저울에 단다. 다시 여기에 남아 있는 물질이 엷게 덮일 정도의 황가루를 가하고 먼저와 같은 방법으로 가열하여 준다. 불꽃을 끄고 식힌 다음 저울에 다시 달아 본다. 이와 같은 조작을 그 무게가 더 이상 늘어나지 않을 때까지 계속하여 그 최종의 무게를 각각 찾아 낸다.

도가니 (1)과 황화물 무게 : g　도가니 (2)와 황화물의 무게 : g

도가니 (1) 무게 : g　도가니 (2)의 무게 : g

황화구리의 무게 : g　황화구리의 무게 : g

왜 무게가 더 이상 늘어나지 않게 되는가?

(2) 수치의 해석

① 앞에 얻은 수치를 이용하여 1g의 구리선과 결합한 황의 무게를 계산하여라.

② 이 실험 결과로써 정성분비의 법칙을 설명하여라.

③ 위의 결과를 활용하여 이 때 생성된 황화물의 화학식을 결정하여라.

실험 -7	실험대 번호	학과 년 번		실험일자	제출일자	검인
		이름		년 월 일	년 월 일	

실험-8. 배수 비례의 법칙

실험 목적

결합하는 두 원소 A, B의 결합비가 일정한 사실은 정비례의 법칙에 관한 실험을 통하여 알았다. 그런데, 경우에 따라서는 그 결합비가 한 가지 이상인 경우가 많다.

이러한 사실은 결합하는 두 원소 중 한 원소의 일정량과 결합하는 다른 원소의 양을 각각 측정하여 보면 그 비가 간단한 정수비가 성립하는 사실로서 알아 볼 수 있다.

이 실험에서는 구리의 브롬화물을 가지고 실험을 통하여 배수비례의 법칙을 증명하여 본다.

기 구

500 ml 밑둥근 플라스크, 경질 시험관, 고무 마개, 분젠 버어너, 스탠드 및 링, 클램프, 유리곡관

시 약

제이브롬화구리, c-HNO_3

유의 사항

브롬화구리를 가열할 때 발생되어 나오는 증기는 대단히 유독하므로 기체 유도관을 낀 고무마개 및 시험관과 플라스크의 마개를 꼭 막아 가스가 외부로 새어 나오지 않도록 특별히 조심하여라.

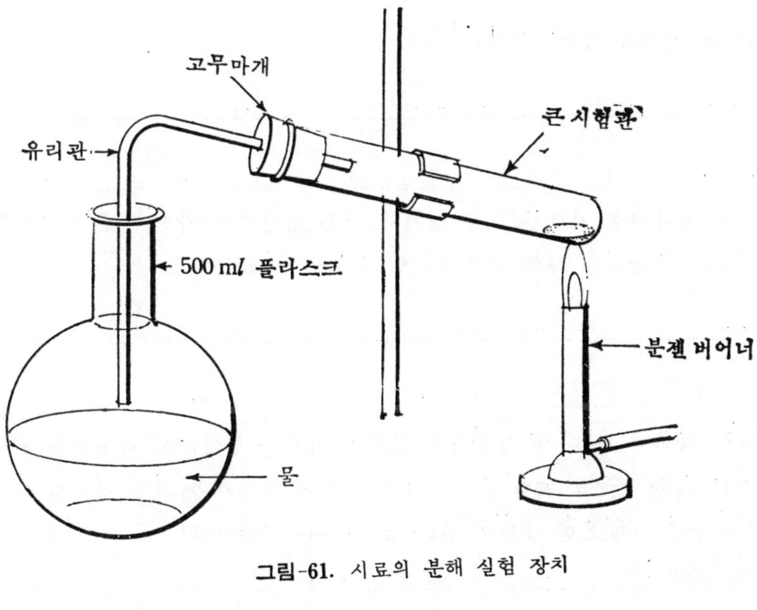

그림-61. 시료의 분해 실험 장치

실험법 및 결과 보고

(1) 브롬화물 시료의 분해

① 그림-61과 같은 장치를 꾸민다. 장치 중의 시험관은 그림과 같이 약간 기울어지도록 하고, 기체 유도관의 끝은 플라스크 중의 수면에서 1인치 정도 떨어져 있게 하여야 한다. 왜 이렇게 하여야 할까?

----

② 장치 중의 시험관을 뽑아 깨끗이 닦아 물기를 완전히 건조시킨 다음 그 무게를 mg까지 정확하게 달아라. 계속하여 약 1g 정도의 주어진 브롬화물 (I)의 시료를 시험관에 넣고 그 무게를 같은 요령으로 달아라.

시험관 + 시료의 무게	..................g
시험관의 무게	..................g
시료만의 무게	..................g

③ 시료가 담긴 시험관을 장치에 연결한 다음, 마개를 특별히 잘 막고 분젠 버어너에 불을 붙여 서서히 가열하여 주다가 시험관이 적열되지 않을 정도까지 세게 가열하여 준다. 가열은 브롬의 증기가 더 이상 발생하지 않을 때까지 계속하여 준다. 이 때 시료의 색깔은 어떻게 변하는가?

발생하는 기체의 색깔은 어떠한가?

이 때 브롬화물 시료는 브롬 증기와 다른 결합비를 가진 다른 브롬화물 (II)로 분해 된다. 이 변화를 화학 방정식으로 나타낼 수 있는가?

----

④ 브롬의 증기가 더 이상 발생하지 않으면 가열을 중단하고 시험관을 빼 내어 실온으로 식힌 다음 손으로 시험관 아가리를 휘저어 내부의 기체를 제거하고, 그 무게를 ②에서와 같은 요령으로 정확히 달아 그 감량을 구하여라.

감소된 무게 : ....g

⑤ 이 시험관에 2 ml 의 진한 질산을 가하고 다시 실험 장치에 옮겨 내용물이 검은색으로 변할 때까지 서서히 가온하여 주어라. 이 때 생성한 내용물이 완전히 건고될 때까지 가열을 계속하여 준 다음 불을 끄고 실온으로 식혀 그 무게를 앞에서와 같은 요령으로 달아라.

내용물의 무게 : ________________ g

이 내용물은 무엇인가?

____

이 내용물은 버리지 말고 먼지가 들어가지 않도록 마개를 잘 막아 깨끗한 종이에 싸서 보관하였다가 뒤의 실험에 이용하여라.

(2) 실험-7에서 얻어 낸 황화구리 중의 구리의 무게를 이용하여 이 실험에서 얻은 산화물 중에 포함되어 있는 구리의 무게를 계산하여라. 황의 원자량은 산소의 2배이다.

____

____

산화물의 무게 : ________________ g

(3) 앞에서 얻은 자료를 써서 일정량의 구리와 결합하고 있는 브롬의 무게를 구하여라.

브롬화물 (Ⅰ)의 무게	________ g
브롬화물 (Ⅱ)의 무게	________ g
브롬화물 중의 구리의 무게	________ g
브롬화물 (Ⅰ) 중의 Br의 무게	________ g
브롬화물 (Ⅱ) 중의 Br의 무게	________ g

(4) 위에서 구한 양을 근거로 하여 배수 비례의 법칙을 설명하여라.

____

____

____

실험-8	실험대 번호	학과 년 번	실험일자	제출일자	검인
		이름	년 월 일	년 월 일	

실험-9. 당량 결합의 법칙

실험 목적

모든 화학 반응에서 그 반응이 완결되었을 때, 그 반응에 관여하는 물질은 모두 같은 당량끼리 반응한다. 당량 가운데 가장 작은 값은 수소의 당량인 1인데, 이 값은 산소 8과 맞먹는 양이다. 특히 수소와 산소의 당량은 수소와 산소를 함유하는 화합물의 수가 대단히 많으므로 다른 원소의 당량값을 결정하는 데 자주 이용된다.

본 실험에서는 이러한 전형적인 두 경우를 들어 금속의 당량을 구하여 봄으로써 분명히 같은 당량 간의 변화가 일어나고 있다는 사실을 확인하여 본다.

기 구

도가니와 뚜껑, 스탠드와 링, 삼각석쇠, 도가니집게, 메스실린더, 온도계, 구리선

시 약

마그네슘 리본, 금속아연, 염산

실험법 및 결과 보고

(1) 마그네슘의 당량

① 깨끗한 도가니와 뚜껑을 그림-62와 같이 삼각석쇠 위에 놓고 적열 상태로 4~5분동안 가열한 다음 실온으로 냉각하여 뚜껑을 포함한 그 무게를 1mg 단위까지 정확하게 달아라.

도가니의 무게 : ________________ g

② 이 도가니에 약 0.2g의 마그네슘 리본을 넣고 ①에서와 같은 요령으로 그 무게를 단다.

도가니＋마그네슘리본의 무게 : ________________ g

도가니＋마그네슘리본의 무게 : ________________ g

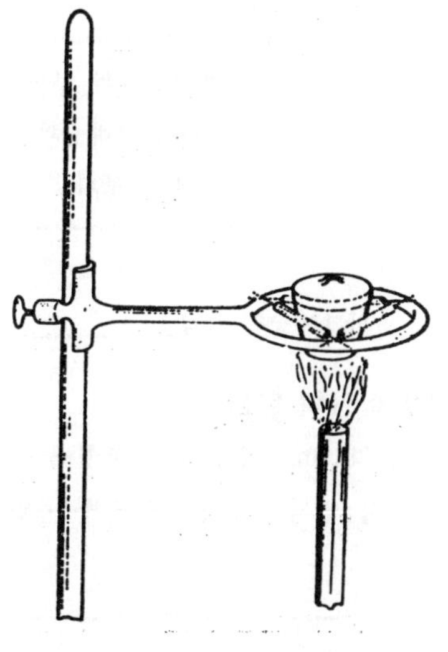

그림-62. 삼각석쇠 위의 도가니

③ 삼각석쇠 위에서 처음에는 서서히 가열하기 시작하여 점차 세게 가열하여 준다. 너무 강하게 가열하여 흰 연기가 발생하지 않도록 한다. 처음 5분동안은 서서히 가열하고, 이어 약 10분간 약간 세게 가열하면 대체로 모두 연소된다. 화학 편람에 실려 있는 비등점 값을 참조하여 너무 강하게 가열할 때 발생하는 흰 연기는 무엇이겠는가를 판정하여라.

④ 마그네슘이 모두 연소되었으면 불을 끄고 실온으로 냉각시킨 후 증류수 몇 방울을 떨어뜨려 부산물인 Mg_3N_2 를 수산화물로 변화시켜 준다. 이 때 어떤 변화가 일어나는가?

이 변화의 화학 방정식을 써라.

---

⑤ 도가니를 다시 삼각석쇠 위에서 가열하여 가해 준 물을 모두 증발시켜 준다. 갑자기 강열하면 내용물이 튀어 나오므로 서서히 가열하여 물기가 마른 다음 10분 동안 강열하여 습기를 완전히 제거하여 주고, 실온으로 냉각시켜, 그 무게를 단다.

도가니+마그네슘의 산화물 무게 : ________________ g

⑥ 앞의 실험에서 재어 낸 무게값으로부터 다음 무게를 구하여 마그네슘의 당량을 계산하여라.

마그네슘의 무게	________ g
산화마그네슘의 무게	________ g
산소의 무게	________ g

마그네슘의 당량 : ________________

(2) 아연의 당량

① 250 ml 정도의 수도물을 끓여서 이 중에 녹아 있는 기체를 제거하고 실온까지 다시 냉각시킨다. 수도물을 반드시 끓여서 써야만 하는 까닭은 무엇인가?

---

② 표면을 묽은 염산으로 씻어서 물기를 완전히 말린 아연 조각 0.2 g 정도를 취하여 그 무게를 mg까지 정확하게 달아라.

아연의 무게 : ________________ g

③ 가는 구리선으로 이 아연 조각을 떨어지지 않게 잘 잡아매고, 5 cm 정도의 구리선이 달려 있도록 만든다. 구리선 대신 철사를 쓰면 어떻게 되는가?

---

④ 200 ml 메스실린더와 여기에 맞는 고무 마개를 준비한다. 메스 실린더에 35 ml 가량의 진한 염산을 넣고, 나머지 부분은 (2)-①에서 준비한 물로 거의 채워 넣는다. 이 때, 물을 실린더의 기벽에 대어 서서히 흘려 들어가게 하면 염산이 갑자기 섞이는 것을 막아 줄 수 있다. 그리고 고무 마개에는 (2)-③에서 준비한 아연 조각을 매달아 이것이로 그림-63의 a에서와 같이 실린더를 막아 내부에 있는 여분의 공기를 모두 밀어 낸다.

⑤ 이것을 그림-63의 b와 같이 물이 들어 있는 250 ml의 비이커에 거꾸로 세우고, 약간 흔들어서 진한 염산이 섞이도록 하여 준다. 이 때 어떤 변화가 일어나는가?

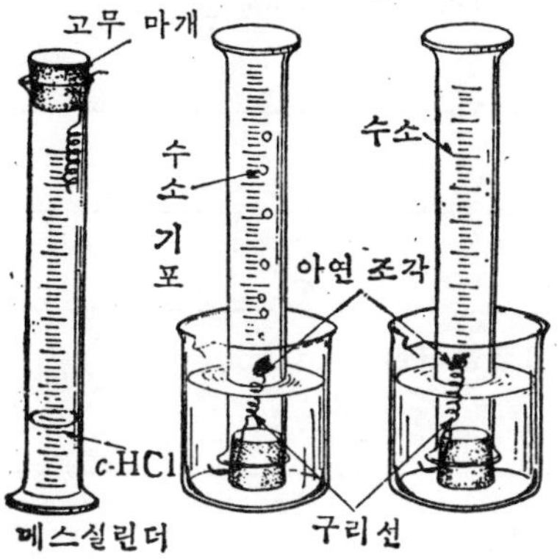

그림-63.

____

이 변화를 화학 방정식으로 기술하여라.

____

⑥ 기포가 더 이상 발생하지 않거든 실린더 기벽에 붙어 있는 기포를 손끝으로 튀겨 없앤 다음 실린더의 눈금을 읽어 이 때 발생된 기체의 부피를 잰다.

그리고, 온도계로 비이커에 담겨 있는 물의 온도를 재고, 실험실에 비치되어 있는 기압계의 눈금을 읽어서 실험할 때의 대기압을 알아 두어라.

모은 기체의 부피	______ml
물 의 온 도	______°C
대 기 압	______mmHg

이 때 실린더 내부에 담겨 있는 기체만의 압력은 얼마인가?

____

그리고 실린더에 모은 기체는 모두 수소이겠는가?

____

만일 아니면 그 까닭을 설명하고, 어떻게 해야만 수소 기체만의 압력을 알아 낼 수 있는가를 생각하여 수소 기체만의 압력을 구하여라.

____

수소 기체의 압력 :

⑦ 수소 1 g 당량은 S.T.P. (0°C, 1 atm)에서 11.2 l의 부피를 차지한다는 사실에 근거하여 앞에서의 값들을 써서 아연의 당량을 계산하여라.

(3) 실험 (1)과 (2)에서 실험적으로 결정한 당량값과 마그네슘과 아연의 원자량으로부터 구한 당량값을 비교함으로써 각자가 시행한 실험의 정밀도를 구하여 보아라.

(4) 이 실험 결과로써 당량 결합의 법칙을 간단히 설명하여라.

실험	-9	실험대 번호	학과 년 번	실험일자	제출일자	검인
			이름	년 월 일	년 월 일	

3장 원자량, 화학식 및 화학 반응

실험-10. 근사적인 원자량 (뒬롱·프티의 법칙)

실험 목적

뒬롱·프티의 법칙에 따르면 중금속의 원자량에 그 금속의 비열값을 승하여 주면 6.4에 가까운 일정한 값이 된다. 이 실험에서는 지도 교수가 배당하여 주는 금속의 원자량을 금속의 이러한 성질을 이용하여 결정하여 본다.

기 구

비이커, 유리막대, 온도계, 메스실린더, 실

시 약

금속 시료, 물

유의 사항

뒬롱·프티의 법칙은 중금속일수록 잘 맞는다. 각 실험조에 배당된 금속은 원자량이 큰 것으로부터 작은 것에 이르는 다양한 종류라는 것을 염두에 두고 각 실험조는 자기조에 배당된 것에 대한 실험에 충실해야 할 것이다.

실험법 및 결과 보고

(1) 비열의 측정

① 각 실험조에 배당된 약 200 g 정도의 금속 조각을 mg 단위까지 정확하게 달아라.

금속의 무게 ______________ g

② 이 금속 조각을 실로 잡아매어 이것을 그림-64에서와 같이 유리봉에 매어 달아 비이커에 담근다. 이 때 비이커의 기벽이나 밑바닥에 금속 조각이 닿아서는 안 된다. 왜 그런가?

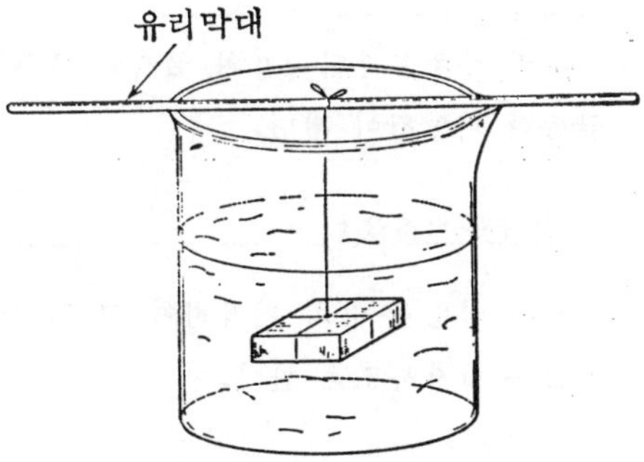

그림-64. 비열 측정 장치

____

____

____

③ 금속 조각을 매어 달은 비이커에 물을 $\frac{2}{3}$ 가량 채우고 서서히 가열하여 물을 끓여 준다. 물이 끓기 시작한 다음 10분 가량 강열하여 금속 조각의 온도와 물의 온도를 평형시킨다.

④ 물을 가열하는 동안에, 약간 작은 비이커를 큰 비이커에 겹쳐 넣어 그림-65와 같은 약식 칼로리미터를 만들고, 작은 비이커에 100 ml의 물을 취하여 넣고 그 온도를 정확하게 재어 둔다.

물의 온도: .... °C

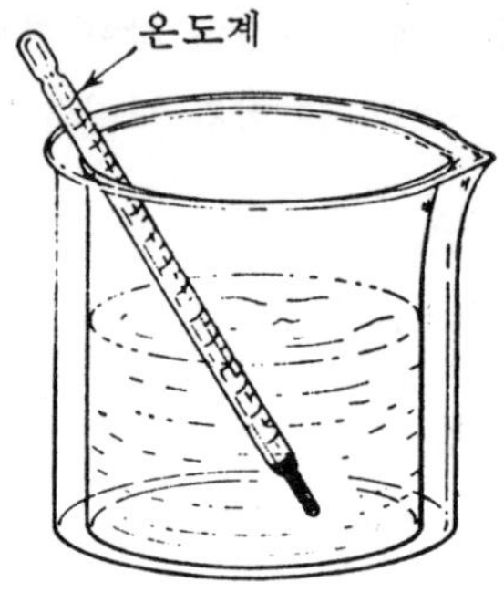

그림-65 칼로리미터

⑤ 끓는 물 속에 담겨 있는 금속 조각을 가능한 한 빨리 (1)-④에서 만든 간이 칼로리미터에 옮겨 담고, 온도계로 저어 가면서 물의 온도를 재어 이 때 상승된 최고 온도를 기록하여라.

상승 최고 온도: .... °C

⑥ 위에서 측정한 온도로서 다음 사항을 각각 구한다.

	실험-1	실험-2
100 g 물의 상승 온도	.............°C	.............°C
이 온도를 상승시키는 데 필요한 열량	.............cal	.............cal
금속 조각의 강하 온도	.............°C	.............°C
강하된 때문에 빼앗긴 열량	.............cal	.............cal

위의 수치로부터 1 g의 금속을 1°C 높이는 데 필요한 열량을 구하면 이 값이 곧 금속의 비열값이 된다.

금속의 비열값: ....

위의 실험을 2회 반복하여 그 결과를 기록하고, 이 결과치를 평균한 값을 써서 비열값을 계산하도록 한다.

(2) ① 앞에서 측정한 비열값으로부터 금속의 원자량를 계산하여라.

원자량: ....

② 각 조의 실험에서 계산된 원자량값을 서로 교환하여 기록하고 원자량값을 참조하여 이 측정치에 가장 가까운 원자량값과 비교하여 어느 경우가 대체로 뒬롱·프티의 법칙에 잘 들어 맞는가를 비교하여라.

	측정한 원자량	표에서 찾은 원자량	오차 %
시 료 1	________	________	________
시 료 2	________	________	________
시 료 3	________	________	________
시 료 4	________	________	________
시 료 5	________	________	________

(3) 이 방법에 의하여 원자량을 결정할 때 실험 결과에 영향을 가장 크게 미쳐 주는 실험적인 요인은 무엇인가?

____

____

____

실험-10	실험대 번호	학과 년 번	실험일자	제출일자	검인
		이름	년 월 일	년 월 일	

실험-11. 산화물의 분석

실험 목적

은과 수은의 산화물은 가열만하여도 산소를 발생하면서 금속 상태로 환원되지만, 대부분의 금속 산화물은 적당한 환원제를 작용시켜 주어야만 금속 상태로 변화된다. 이 실험에서는 실험실에서 자주 쓰이는 환원제인 수소를 써서 금속 산화물을 환원시키는 실험을 하여 본다.

기 구

큰 시험관[실험-8의 (1)에서 사용하던 것을 그대로 쓴다.], 삼각 플라스크, 시약 넣는 관, 건조관, 기체 유도관, 스탠드 및 링, 가스 분출관, 클램프, 고무 마개, 시험관

시 약

아연, 5MH_2SO_4, 무수염화칼슘, 산화구리[실험-8의 (1)에서 보관한 것]

유의 사항

수소 기체와 공기가 섞인 혼합 기체에 불이 붙으면 맹렬하게 폭발하므로 대단히 위험하다. 그러므로 수소 발생 장치 및 부속 실험 장치의 마개와 유리관 연결부가 새지 않도록 단단히 잘 막아야 한다. 실험 장치를 다 꾸민 다음에는 지도 교수의 검사를 받은 후에 산을 가하여 수소 기체를 발생시키도록 한다.

실험법 및 결과 보고

(1) 산화구리의 환원

① 실험-8의 (1)에서 만들어 보관하여 두었던 산화구리를 그림-66에서와 같이 장치한다. 수소 기체 분출관은 유리관을 가열하여 녹인 다음 모세관을 뽑을 때와 같이 세

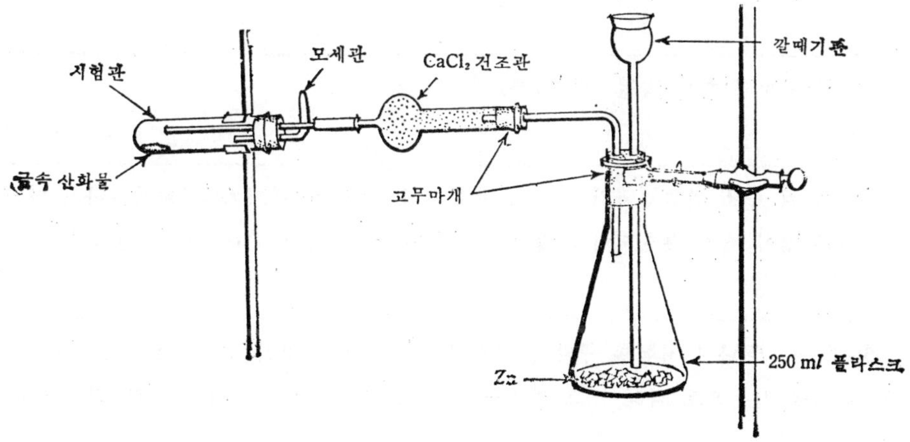

그림-66. 산화구리의 환원 실험 장치

게 잡아늘려 적당한 곳을 잘라서 쓰도록 한다.

② 장치 중의 삼각 플라스크에 아연 20 g을 넣고 마개를 꼭 막는다. 이 때 시약 넣는 관을 통하여 물을 약간 가하여 시약 넣는 관의 끝이 물에 잠기도록 하여 준다. 왜 이렇게 하여야 하는가?

---

③ 마개와 연결부에 새는 곳이 없는가를 재확인한 다음 30 ml의 5 M H_2SO_4를 시약 넣는 관을 통하여 부어 넣어 준다. 이 때 어떤 변화가 일어나는가?

---

④ 기체가 발생되면서부터 약 5분 동안 그대로 시험관의 내용물에 수소를 통하여 주어라. 무슨 변화가 일어나는가?

가스 분출관의 끝에 손가락 끝을 가까이 대어 보아라. 기체가 활발이 분출되고 있는가?

---

⑤ 다음에 불꽃이 약한 알코올 램프로 검은색 내용물이 담겨 있는 부위를 약간 가온하여 주어라. 어떤 변화가 일어나는가?

이 때 시험관 기벽에 생겨나는 액체는 무엇인가?

이 변화의 화학 방정식을 써라.

이 때 수소 분출관에서 수소가 분출되어 나오는 세기가 약화되었다가 다시 가열 전과 같이 세게 분출되어 나올 때까지 수소를 통하여 준다. 왜 그런가?

---

⑥ 반응이 끝나면 시험관 주위에 생겨난 물방울을 완전히 건조시킨 다음, 불을 끄고 험관을 실온으로 식혀서 그 무게를 실험-8의 (1)에서와 같은 요령으로 단다.

시험관+구리의 무게 : .... g

(2) 얻은 자료의 해석

실험-8의 (1)의 자료 및 이 실험에서 얻은 결과로부터 다음 값을 구하여라.

산화구리의 무게	..........g
구리 만의 무게	..........g
산소의 무게	..........g
브롬화구리 (I)의 무게	..........g
구리만의 무게	..........g
브롬의 무게	..........g

위의 값을 써서 산화물 Cu_xO_y 및 브롬화물 $Cu_\alpha Br_\beta$의 $x, y,$ α, β 값을 결정하여라.

Cu_xO_y	$Cu_\alpha Br_\beta$

(3) 구리와 브롬의 당량은 각각 구하여라.

구리의 당량	브롬의 당량

실험이 끝났는데도 아연이 아직 남아 있거든 삼각 플라스크를 살며시 기울여 묽은 황산을 싱크에 쏟아 버리고 물로 여러 번 씻어 낸 다음, 물기를 말려 깨끗한 빈병에 모아 보관하여 두었다 필요할 때 이용하도록 한다.

<table>
<tr><td rowspan="2">실험-11</td><td>실험대 번 호</td><td colspan="2">학과 년 번</td><td>실 험 일 자</td><td>제 출 일 자</td><td>검인</td></tr>
<tr><td></td><td>이름</td><td></td><td>년 월 일</td><td>년 월 일</td><td></td></tr>
</table>

실험-12. 화학식의 결정

실험 목적

산화물을 분석하는 방법과는 달리, 어떤 금속의 일정량이 화학 반응을 일으켜 변화될 때 생성되는 금속 화합물의 무게를 측정하여 이 물질의 화학식을 결정할 수도 있다. 이 실험에서는 물에 녹지 않는 전형적인 염화물인 염화은의 화학식을 실험적으로 결정하여 본다.

기 구

증발접시, 시계접시, 쇠그물

시 약

은, d-HNO_3, d-HCl, 증류수

실험법 및 결과 보고

(1) 염화은의 생성

① 증발접시를 깨끗이 씻어 세게 가열한 다음 실온으로 식혀 그 무게를 mg까지 정확하게 달아라.

증발접시의 무게 : .... g

② 이 증발접시에 약 0.2 g의 은을 넣고 앞에서와 같은 요령으로 단다.

증발접시+은의 무게 : ________________________ g

③ 증발접시 중의 금속에 3 ml의 묽은 질산을 가하여 그림-67에서와 같이 시계접시로 증발접시를 덮고 은을 녹여 준다. 반응이 잘 일어나지 않으면 약간 가온하여 준다. 이 때 어떤 변화가 일어나는가?

....

....

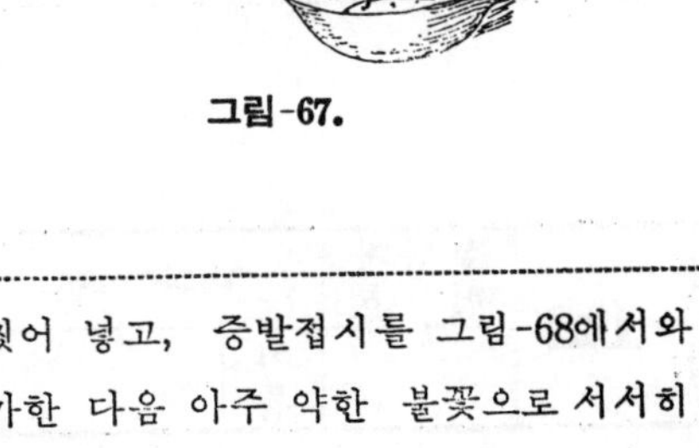

그림-67.

이 변화를 화학 방정식으로 나타내어라.

....

④ 은이 모두 녹으면 시계접시를 증류수로 씻어 넣고, 증발접시를 그림-68에서와 같이 쇠그물망 위에 놓고 묽은 염산 3 ml를 가한 다음 아주 약한 불꽃으로 서서히 가

온하여 준다. 불꽃이 세면 내용물의 작은 방울이 밖으로 튀어나오기 때문에 실험 성과를 거둘 수 없게 된다. 내용물이 거의 건조될 무렵에는 특히 불꽃을 잘 조정하여 내용물의 소실을 막아야 한다. 완전히 건조된 다음 약간 세게 가열하여 여분의 산과 수분을 완전히 증발시키고 실온으로 식혀 그 무게를 앞에서와 같은 요령으로 달아 준다.

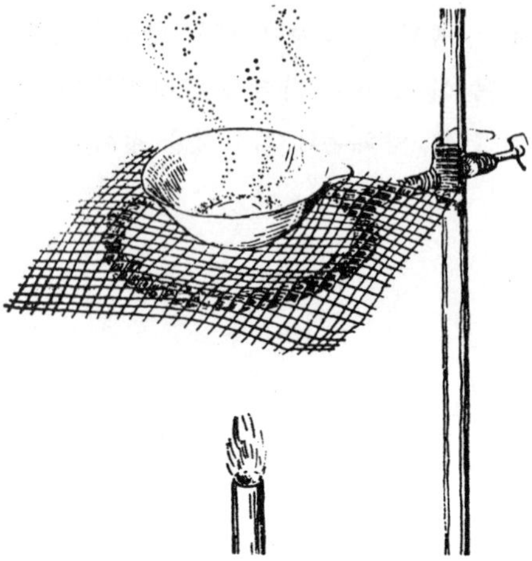

그림-68.

증발접시＋염화은의 무게 : ________ g

묽은 염산을 가할 때 어떤 변화가 일어나는가?

____

이 변화를 화학 방정식으로 기술하라.

____

(2) 화학식 구하기

(1)-① 앞에서 달은 무게로부터 다음 각 항의 무게를 구하여라.

은의 무게	________g
염화은의 무게	________g
은과 결합한 염소의 무게	________g

② 위의 값을 써서 염화은의 화학식을 산출하여라.

____

③ 은의 당량은 얼마인가?

____

(3) 화학식 중의 원자수의 비는 왜 반드시 정수의 짝이 되는가?

____

____

실험-12	실험대 번호	학과 년 반		실험일자	제출일자	검인
		이름		년 월 일	년 월 일	

실험-13. 간단한 화학 반응

실험 목적

화합, 분해, 치환, 복분해 등의 화학 반응을 간단한 실험을 통하여 알아 본다.

기 구

분젠 버어너, 아스베스트판, 비이커, 시험관(큰 것), 시험관(작은 것), 고무관, 고무마개, 스탠드 및 링, 시험관 받침대, 유리판

시 약

아연 분말, 아연 조각, 황가루 d-HCl, d-H_2SO_4, HgO, $CuSO_4$ $Ba(OH)_2$, $CaCl_2$, Na_2CO_3, 쇠못, 성냥, 리트머스 종이

실험법 및 결과 보고

(1) 화합 반응

① 아스베스트판 위에서 아연 분말과 황을 같은 분량씩 취하여 섞어 보아라. 이 때 어떤 변화가 일어나는가?

변화 전의 각 물질의 색깔과 모양을 잘 살펴 두어라.

---

② 혼합물의 일부는 다른 아스베스트판에 옮겨 보관하고, 나머지가 담긴 아스베스트판을 링 위에 얹어 놓고 서서히 가열하여 주어라. 어떤 변화가 일어나는가?

화합 반응이 일어나고 있다는 증거가 보이는가?

---

③ 아스베스트판 위에 남아 있는 최종 생성물의 성질을 화학 편람이나 교과서에 실려 있는 황화아연의 성질과 비교하여 보아라.

	색 깔	물에 대한 용해도
화학 편람에 기재된 성질		
관찰한 성질		

아연이 황과 화합하는 화학 방정식을 써라.

---

④ 생성물에 묽은 염산을 한 방울 떨어뜨려 보아라. 어떤 변화가 일어나는가?

아스베스트판을 코 근처에 대어 냄새를 맡아 보아라. 무슨 냄새가 나는가? 또, 이 변화를 화학 방정식으로 나타내어라. 이 때 발생되는 기체는 유해하므로 염산을 많이 가해서는 안 된다.

---

⑤ 가열하지 않고 보관하여 두었던 혼합물에 염산을 한 방울 떨어뜨려 보아라. 가열한 경우와 어떤 점이 다른가?

---

⑥ 위에서 살펴 본 사실을 종합하면, 아연과 황이 화합하였다고 보기에 충분하다고 생각하는가?

만일 그렇지 않다면 그 이유를 설명하여라.

---

(2) 분해 반응

① 그림-69와 같은 장치를 꾸미고, 장치 중의 큰 시험관에 약 2g의 산화수은을 넣고 마개를 꽉 막고 약한 불꽃으로 서서히 가열하여 주다가 점차 세게 가열하여 준다. 수은 증기는 독성이 심하니 증기가 시험관 마개와 연결 부위에서 새어 나오지 않도록 조심하여야 한다. 산화수은의 색깔이 변하는가?

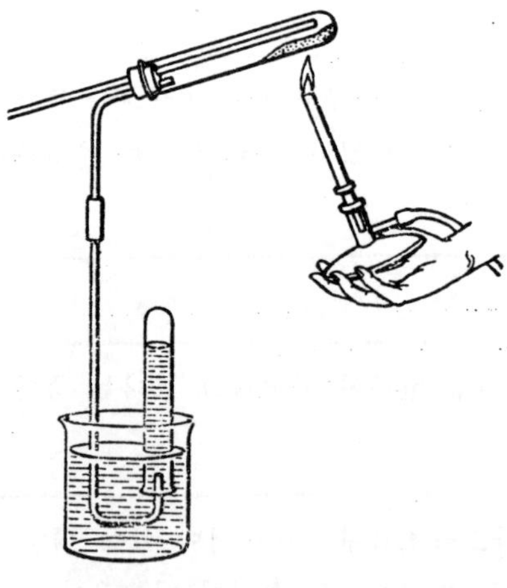

그림 69. 분해 반응 실험 장치

시험관 기벽에 생겨난 방울은 무엇인가?

---

② 산화수은의 색깔이 완전히 사라지거든 기체를 포집한 시험관의 아가리를 유리판으로 막아 꺼내어 보관하고, 기체 유도관의 끝을 물에 담근 채 불을 끄고 시험관이 식을 때까지 방치하여라. 시험관이 완전히 식었으면 기체 유도관 속으로 올라간 물을 유도관을 위로 올려 시험관 안으로 밀어 넣고 기벽에 붙어 있는 수은 방울을 손으로 튀겨 모두 물 속에 잠기도록 한다. 다음 유도관의 마개를 빼고 시험관에 잘 맞는 마개로 막아 둔다. 각 조에서 얻은 수은은 지정된 시약병에 함께 모아 두었다가 필요한 실험에 이용하도록 한다.

③ 시험관에 모아 둔 기체에 성냥 불똥을 집어 넣어 보아라. 불이 다시 붙는가?

위의 사실로써 이 기체는 무엇이라 판정되는가?

---

④ 위에서 관찰된 사실로써 산화수은이 어떻게 분해되었다고 말할 수 있는가?

이 분해 반응을 화학 방정식으로 기술하여라.

---

(3) 치환 반응

① 시험관에 $CuSO_4$ 수용액 3~5 ml을 가하고 여기에 쇠못을 담가 10분 가량 방치하여 두어라. 어떤 변화가 일어나는가?

왜 이러한 변화가 일어나게 되는가?

이 변화에서 수용액 중의 구리 이온이 무엇으로 바뀌는가?

---

② 시험관에 준비한 아연 조각을 넣고 묽은 염산을 충분한 양으로 가하여 주어라. 어떤 변화가 일어나는가?

이 변화와 ①에서 살펴본 변화 사이의 같은 점과 다른 점은 무엇인가?

같은 점 : ....

다른 점 : ....

③ 앞의 두 실험 결과를 통하여 치환 반응을 간단하게 설명하여라.

(4) **복분해**(복치환)

① 시험관에 $Ba(OH)_2$ 수용액 약 3 ml를 취하고, 여기에 d-H_2SO_4를 한 방울씩 떨어뜨려 보아라. 어떤 변화가 일어나는가?

침전 반응이 완결되지 않았을 때와 완결된 다음의 수용액의 액성을 리트머스 종이로 시험하여 보아라.

침전 반응이 끝나기 전의 액성 :

침전 반응이 끝난 후의 액성 :

이 사실은 어떤 관계를 설명할 수 있게 하여 주는가?

② 시험관에 $CaCl_2$ 수용액 2 ml를 취하고 여기에 2 ml의 Na_2CO_3 수용액을 가하여 주어라. 어떤 변화가 일어나는가?

이 변화를 화학 방정식으로 나타내어라.

③ 앞에서 살펴본 결과를 종합하면 복분해 반응을 어떻게 설명할 수 있는가?

④ 실험 (3)과 (4)의 결과로써 치환과 복치환의 다른 점은 무엇인가를 말하여라.

실험-13	실험대 번호	학과 년 번	실험일자	제출일자	검인
		이름	년 월 일	년 월 일	

4장 주 기 율

실험-14. 금속의 성질

실험 목적

주기율표의 같은 주기 및 족에 속해 있는 각 원소의 물리 화학적인 성질은 규칙적으로 변이된다. 이 실험에서는 Ⅰ, Ⅱ, Ⅲ 족에 속하는 몇 가지 금속의 화학적인 성질이 어떻게 규칙적으로 달라지는가를 알아 본다.

기 구

비이커, 시험관, 집게, 알코올 램프, 시험관 집게

시 약

Na, K, Mg, Ca, Al, *d*-HCl, 물, 페놀프탈레인

유의 사항

Na 과 K 금속은 활성이 대단히 크기 때문에 손으로 직접 만져서는 절대로 안 된다.

실험법 및 결과 보고

(1) Ⅰ족 금속의 반응

① 그림-70에서와 같이 물을 가득 채운 시험관을 물이 담긴 비이커에 거꾸로 세운다. 한편 Na 금속을 녹두알만큼 잘라 이것을 알루미늄의 엷은 막으로 싸고, 몇 개의 바늘 구멍을 뚫은 다음 집게로 잡아 그림-70과 같이 물 속에 있는 시험관 아가리에 빨리 가져다 대어 주어라. 이 때 발생하는 기체는 무엇인가?

그림-70. 금속 반응 실험 장치

....

이 변화를 화학 방정식으로 표시하여라.

....

기체가 포집된 시험관의 아가리를 엄지손가락으로 막고 불꽃에 가져다 대어 보아라. 어떤 변화가 일어나는가?

....

비이커 중의 수용액에 페놀프탈레인 한 방울을 떨어뜨려 보아라. 색깔이 어떻게 변하는가?

이 사실은 어떤 증거인가?

Na 금속을 석유 속에 저장하는 까닭은 무엇인가?

---

② 두 개의 비이커에 물을 약 $\frac{2}{3}$씩 넣고 모두 시계접시로 덮어 준다. 각각에 Na과 K 금속을 쌀알만큼씩 잘라 시계접시를 잠간 열고 비이커에 집어 넣어 주어라. 어느 편이 더 활발하게 반응하는가?

---

(2) Ⅱ, Ⅲ족 금속의 반응

① 시험관 세 개를 준비하고 그 각각에 Mg, Ca, Al의 금속 조각을 넣고 증류수를 한 방울씩 가하여 보아라. 변화가 일어나는 시험관에는 변화가 더 이상 진행되지 않을 때까지 물을 가하여 주어라. 어떤 금속이 변화되는가?

이 시험관의 수용액에도 (1)에서와 같이 페놀프탈레인 한 방울을 떨어뜨려 주어라. 색깔이 어떻게 달라지는가?

Na이나 K의 경우와는 달리 이 경우는 흰색의 물질이 남게 되는데, 이 흰색의 물질은 무엇이며, 왜 이런 현상이 생겨나는가?

---

② 변화가 없는 시험관은 알코올 램프로 가온하여 보아라. 변화가 있는가?

---

③ 아직도 변화가 없는 시험관은 실온으로 식힌 다음, 묽은 염산을 2~3 ml 가하여 보아라. 어떤 변화가 일어나는가?

이 때의 변화를 화학 방정식으로 표시하여라.

---

(3) 금속성의 규칙적인 변화

① 앞에서 살펴본 실험 사실에 근거하여 실험한 각 금속의 반응성의 강도 순위를 결정하여라.

② Na과 K의 반응성을 비교할 때 Na과 Li은 어느 편이 더 물과 잘 반응하겠는가?

③ Mg과 Ca의 반응성을 비교할 때 Sr과 Ca 중 어느 편의 반응성이 더 세다라고 생각되는가?

④ 이상의 결과를 종합하여 Ⅰ, Ⅱ, Ⅲ족 금속족에서 양성이 커지는 방향을 알 수 있는가?

⑤ 실험한 각 금속의 물리적인 성질을 관찰 비교하여라.

	색깔	경도	광택	전성
Na				
K				
Mg				
Ca				
Al				

전성은 망치로 금속 조각을 두들겨 보아 정할 수 있다.

물리적인 성질도 화학적인 성질과 같이 규칙적으로 달라지고 있다고 생각되는 점이 있는가?

실험-14	실험대 번호	학과 년 번	실험일자	제출일자	검인
		이름	년 월 일	년 월 일	

실험-15. 할로겐족 원소의 성질

실험 목적

금속의 성질이 규칙적으로 변이되는 것을 실험-14에서 살펴 보았는데, 비금속의 경우도 이러한 점을 찾아 볼 수 있다. 특히 할로겐족 원소는 그 물리적인 상태, 성질 및 화학적인 성질이 규칙적으로 달라지는 전형적인 경우이다. 이 실험에서는 염소, 브롬, 요오드의 몇 가지 성질을 실험하여 봄으로써 이러한 규칙적인 주기성을 확인하여 본다.

기 구

시험관, 스탠드 및 링, 클램프, 시험관 받침대

시 약

$KMnO_4$, NaCl, NaBr, NaI, d-H_2SO_4, $AgNO_3$, 브롬수

유의 사항

할로겐 원소의 단체 상태의 증기는 모두 유해하므로 실험 중 가능한 한 소량이라 할지라도 이 증기를 마시지 않도록 조심하여야 한다.

실험법 및 결과 보고

(1) 할로겐 원소의 제법과 그 물리적 성질

① 그림-71과 같은 장치를 꾸민다. 장치 중의 시험관에는 0.1 g의 $KMnO_4$와 d-H_2SO_4 약 1 ml 및 NaCl 0.1 g을 섞어 넣고 마개를 꼭 막고 약간 가온하여 주어라. 어떤 변화가 일어나는가?

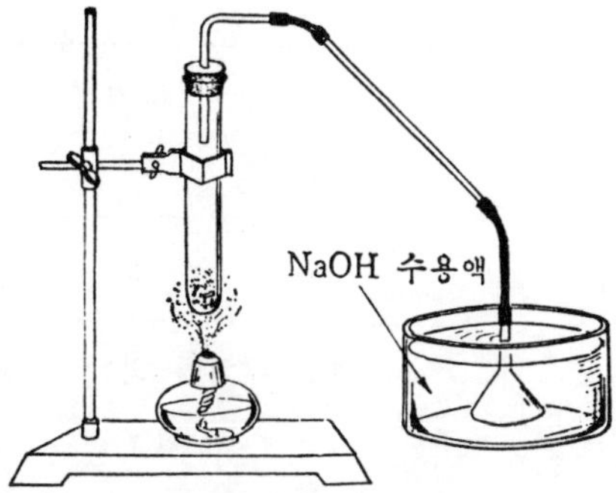

그림-71.

NaCl 대신 NaBr, NaI를 써서 같은 시험을 하여 보아라. 이 때 생성되는 할로겐의 색깔과 물리적인 상태를 조사하여라.

	상온에서의 물리적인 상태	색 깔	물에 대한 용해도
염 소(Cl_2)			
브 롬(Br_2)			
요 오 드(I_2)			

② 이 실험에서 가스 유도관을 묽은 NaOH 수용액에 담가 주는 까닭은 무엇인가?

(2) 할로겐 원소의 상대적인 산화력

① 시험관에 1M NaBr 수용액 2 ml를 넣고 여기에 CCl_4 1 ml를 가하고 흔들어 보아라. CCl_4 층은 어떤 색깔을 띠우는가?

이 시험관에 (1)-①에서 쓴 장치를 이용하여 소량의 염소 기체를 발생시키고, 이것을 유도관을 통하여 NaBr과 CCl_4가 담겨 있는 시험관에 통하여 주면서 간간히 흔들어 보아라. 어떤 변화가 일어나는가?

염소 기체를 CCl_4 2 ml가 담겨 있는 시험관에 통하여 줄 때 띄우는 색깔과 Br_2이 담겨져 있는 시험관의 CCl_4층이 띄우는 색깔을 비교하여라. 다른 점이 나타나는가?

이 까닭은 무엇인가?

이 때의 변화를 화학 방정식으로 기술하여라.

② 준비한 브롬수 3 ml를 시험관에 취하고 여기에 CCl_4 2 ml를 넣고 마개를 꽉 막은 후 흔들어 주어라. 이 때 브롬이 손에 닿지 않도록 조심하여라. CCl_4층의 색깔과 (2)-①에서 얻은 결과를 비교하여 보아라. 공통점이 있는가?

이 시험관에 1M NaI 용액 1ml를 시험관 기벽을 통하여 살며시 부어 넣어 주고, 약간 흔들어 주어라. 어떤 변화가 일어나는가?

이 변화의 화학 방정식을 써라.

③ 이상의 결과를 종합하여 할로겐 원소의 산화력이 큰 순서를 결정하여라.

④ 실험하여 본 할로겐화물 중 가장 안정한 것은 어느 것인가?

(3) 할로겐화은의 용해도

① 세 시험관에 각각 0.1M NaCl, NaBr 및 NaI의 수용액 3 ml씩을 취하고 여기에 0.1M $AgNO_3$ 수용액 몇 방울씩을 가하여 주어라. 이 때 생성되는 침전은 각각 무엇이며, 그 색깔은 어떠한가?

	침 전 물	색 깔
시험관 1 (NaCl)		
시험관 2 (NaBr)		
시험관 3 (NaI)		

② 이 침전을 정치하여 가라앉힌 다음 여기에 묽은 NH_4OH 수용액을 한 방울씩 가하여 주면서 어느 것이 잘 녹는가를 살펴 보아 그 순위를 정하여라.

③ 다음 계속하여 진한 NH_4OH를 한 방울씩 가하면서 ②에서와 같이 실험하여 잘 녹는 순위를 정하여라.

④ 왜 이러한 현상이 일어나는가를 설명하여라.

실험-15	실험대 번호	학과 년 번		실 험 일 자	제 출 일 자	검인
		이름		년 월 일	년 월 일	

실험-16. 동족 화합물의 성질

실험 목적

주기율표의 같은 족에 속한 원소의 성질이 규칙적으로 변이된다는 사실을 앞의 실험을 통하여 알아 보았다. 단체나 원소 상태 이외의 화합물에서도 이러한 유사성을 찾아볼 수 있다. 이 실험에서는 I족과 II족 원소의 염화물을 가지고 같은 족 화합물 간의 유사성과 상이점을 살펴본다.

기 구

시험관, 시험관 받침대, 확대경

시 약

LiCl, NaCl, KCl, $MgCl_2$, $CaCl_2$, $SrCl_2$, $BaCl_2$, 증류수

실험법 및 결과 보고

(1) I족 염화물의 성질

① 깨끗한 시험관에 각각 LiCl, NaCl, KCl을 소량씩 취하여 그 색깔과 결정형을 조사하여라. 이 때, 확대경을 쓰면 편리하다.

② 다음에 각 시험관에 3 ml의 증류수를 가하고 흔들어 보아 각 물질의 물에 대한 용해도를 조사하여라.

③ 시험관의 수용액에 0.1M $AgNO_3$ 수용액 몇 방울씩을 가하여 줄 때의 변화를 살펴보라. 실험 ①, ②, ③에서 관찰된 바를 다음에 정리하여라.

	LiCl	NaCl	KCl
결 정 형	....	....	....
용 해 도	....	....	....
질산은과의 반응	....	....	....

④ 실험 ③에서 침전이 생성되는 반응의 이온 방정식을 써라.

....

....

....

(2) II족 염화물의 성질

① 네 개의 시험관을 준비하고 각각에 $MgCl_2$, $CaCl_2$, $SrCl_2$ $BaCl_2$를 소량씩 취하고 그 색깔과 결정형을 조사하여라.

② 각 시험관에 3 m*l* 의 증류수를 가하여 용해 여부를 살펴 보아라.

③ 이 수용액에 1 m*l* 의 0.1M Na_2SO_4 수용액을 가하여 어느 경우에 어떤 침전이 생겨 나는가를 조사하여라.

실험 ①, ②, ③의 결과를 다음에 정리하여라.

	$MgCl_2$	$CaCl_2$	$SrCl_2$	$BaCl_2$
결정형				
용해도				
Na_2SO_4 의 반응				
황산염의 용해도 (화학편람 참조)				

④ 황산염이 침전되는 반응의 이온식을 써라.

(3) 실험 (1), (2)의 결과를 종합하면 어떤 사실을 유추하여 낼 수 있는가?

실험-16	실험대 번호	학과 년 번		실험일자	제출일자	검인
		이름		년 월 일	년 월 일	

5장 화학 결합

실험-17. 화합물의 분류

실험 목적

화합물은 대체로 이온 결합, 공유 결합 및 금속 결합 물질로 크게 나눌 수 있다.

이온 결합 물질은 대체로 실온에서 결정성 고체이고, 융점까지는 안정하나 그 이상의 온도에서는 분해되는 것이 보통이다. 융점은 대체로 300°C 이상 1000°C 이내이며, 끓는 점이 대단히 높다. 그리고, 결정수가 수화되어 있는 경우가 대단히 많은데, 이것은 300°C 정도로 가열하면 모두 떨어져 증발되면서 결정의 형태가 변이된다.

이온 결합 물질은 반드시 그렇지는 않지만 물에 잘 녹는 것이 많다. 그리고, 그 수용액은 전류를 잘 전도하여 준다. 그리고 물 이외의 용매에 대한 용해도가 일반적으로 감소된다. 고체 상태의 이온성 물질은 전류를 전도하여 주지 않으나 용융시키면 구성 이온의 이동이 가능하여지므로 전류를 잘 통하여 준다.

공유 결합 물질은 실온에서 대체로 액체 상태로 존재하는 것이 많은 분자성 물질이다. 분자량이 100이 넘는 것은 실온에서 고체 상태인 것도 있다. 이것의 융점은 대개 300°C이내이며 휘발성이 크고 300°C 이상의 온도에서는 대체로 쉽게 분해된다. 탄소, 수소, 산소가 주된 구성 원소인 유기 물질은 모두 공유성 물질들이다. 이러한 유기물질을 가열 분해시키면 그 잔존물은 유리 탄소를 포함하고 있는 검은색 물질이다. 무기 물질 중에도 상당수의 공유성을 띈 물질이 있는데 이 물질 중에는 수화물이 많으며, 가열되면 쉽게 휘발하며 300°~600°C정도의 온도에서 승화성을 나타내는 것이 보통이다. 분자성 물질은 물에 잘 녹지 않으며, 액체이든 고체이든 모두 전류를 전도하여 주지 않는다. 극성원자단을 가지는 유기 용매에 유기 용질이 녹아 있을 경우는 약간의 전도성을 나타내지만 이것은 무기 용질이 녹았을 경우에 비하여 그 전도성이 월등히 작다. 대체로 유기 물질은 성질이 유사한 용매에 잘 녹는다.

금속 결합 물질은 결합 전자의 자유로운 운동이 가능하므로 대체로 금속은 모두 전류의 양도체이고, 특이한 광택을 띄우며 연성과 전성이 크다. 수은등을 제외하고 대체로 실온에서 고체이고 밀도와 경도가 일반적으로 큰 편이다. 융점은 2000°C 이내이고, 유기 용매나 무기 용매에 녹지 않는다. 금속을 분말 상태로 갈아 놓으면 전류를 전도하지 않으며, 다시 가열하여 주면 금속 입자가 엉켜 전류를 전도하여 준다.

위에 요약한 각 물질의 특성을 이용하여 미지의 물질이 어느 물질군에 속할 것인가를 판정하여 낼 수 있다. 이 실험에서는 지도 교수가 내어 주는 물질들의 특성을 조사하여 다음에 주어지는 실험 기준에 따라 이 물질들을 분류하여 본다.

유의 사항

(1) 융점이 100°C 이하인 물질은 수욕상에서 가온하여 찾아 낸다.

(2) 시험관을 가열하여 그 색깔이 황등색이 되었을 때 그 온도는 약 300°C 정도이다.

(3) 색깔이 약간 더 짙어졌을 때는 350°~600°C 정도이다.

(4) 니켈 도가니가 완전히 적열되었을 때의 온도는 약 600°C 정도이다.

기 구

경질 시험관, 시험관잡이, 분젠 버어너, 전도성 시험기(지도 교수 지시에 따름)

시 약

시료, 비극성 유기 용매, 극성 유기 용매(지도 교수가 준비하여 둘 것임)

실험법 및 결과 보고

판정 기준 / 시료	근사적인 융점 °C				용해도			전기전도도			분류
	<100	100~300	300~5 00	>600	H_2O	극성 유기용매	비극성 유기용매	고체	용융	수용액	
I											
II											
III											
IV											
V											
VI											

실험-17	실험대 번호	학과 년 번	실험일자	제출일자	검인
		이름	년 월 일	년 월 일	

실험-18. 이온과 분자

실험 목적

농도가 같은 여러 가지 수용액의 전기 전도도를 측정하여 봄으로써 이 물질이 수용액 중에 이온으로 존재하는지 또는 분자 상태로 존재하는지를 판정하여 본다.

기 구

전도도 실험 장치(그림-72 참조), 밀리암미터

시 약

증류수, 0.1N HCl, 0.1N NaOH, 0.1N NH_4OH, 0.1N NaCl, 0.1N CH_3COOH, 1.0M 에틸알코올, 0.1M 설탕물

유의 사항

(1) 전도도 장치의 전극은 불활성 전극을 쓰는 것이 좋다.

(2) 시료 용액을 담는 비이커에는 전극이 2 cm 정도 잠길만큼의 일정량의 수용액이 담기도록 실험을 시작할 때 맞추어 눈금을 그어 두어라.

(3) 매회 측정이 끝났을 때마다 전극과 비이커를 깨끗하게 증류수로 씻고 물기를 말려 쓰도록 한다.

실험법 및 결과 보고

(1) 전도도의 측정

① 다음에 주어진 각 물질 수용액의 전도도를 그림-72와 같은 전도도 측정 장치를 써서 재어낸다. 전구에 들어오는 불빛의 강약 및 암미터의 눈금을 읽어 각 물질의 전도도 값을 상대적으로 비교하여 전해질의 강약, 또는 비전해질 여부를 판정한다.

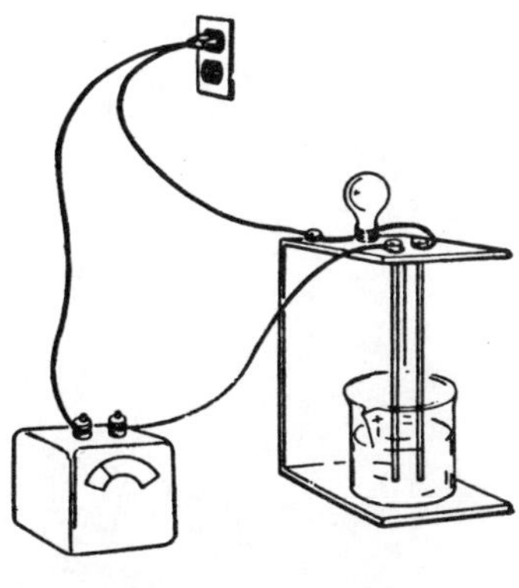

그림-72. 전도도 측정 장치

시 료	전구의 불빛	암미터 눈금	전 도 도	이 온 화 %
증 류 수				
0.1N HCl				
0.1N NaOH				
0.1N NH_4OH				
0.1N NaCl				
0.1N CH_3COOH				
0.1N C_2H_5OH				

(2) 측정한 전도도 값의 해석

① 강전해질과 약전해질의 차이는 무엇인가?

② 왜 비전해질과 전해질의 전도도 값의 차이가 두드러지게 커지는가?

③ 물질의 수용액에 따라 전등의 불빛이 세어졌다 약해졌다하는 까닭은 무엇인가?

실험-18	실험대 번호	학과 년 번		실험일자	제출일자	검인
		이름		년 월 일	년 월 일	

실험-19. 공유 결합의 형성

실험 목적

공유 결합이 형성되어 가는 몇 가지 경우에 대하여 화학 변화 과정에서 공유 결합이 이루어진다는 근거를 실험적으로 밝혀 본다.

기 구

비이커, 증발접시, 온도계, 시험관, 스탠등 및 링, 집게, 피펫, 시계접시

시 약

c-H_2SO_4, 빙초산, 0.1N NaOH, 0.1N HCl, P_4O_{10}, CH_3COONa, Na_2CO_3, d-H_2SO_4, 페놀레드

유의 사항

(1) c-H_2SO_4 를 피부나 옷에 닿지 않도록 특별히 조심하여야 한다. 만일 조금이라도 묻었을 때는 많은 양의 물로 즉시 씻어 내어야 한다.

(2) P_4O_{10} 은 유독하므로 절대 손으로 만지지 않도록 한다.

실험법 및 결과 보고

(1) 산이 희석될 때

① 50 ml 의 비이커 둘을 준비하여 각각에 물 20 ml 씩을 정확하게 취하여 넣고, 이 물의 수온을 재어라.

물의 온도: ________________ ℃

② 한 비이커에는 1 ml 의 c-H_2SO_4 를 피펫으로 취하여 가하고 온도계로 잘 저어 주면서 이로 인해 상승되는 최고 온도를 재어라.

최고 상승 온도: ________________ ℃

③ 앞에서 재 놓은 물의 온도로부터 이 과정에서 발생한 열량을 계산하여 낼 수 있는가?

____

④ 다른 비이커에는 빙초산 1 ml 를 가하고 앞에서와 같은 요령으로 상승되는 최고 온도를 측정하여 이 과정에서 발생한 열량을 산출하여라.

	c-H_2SO_4	빙초산
상승된 최고 온도	°C	°C
물의 온도	°C	°C
상승된 온도	°C	°C
발생한 열량	cal	cal

⑤ 두 경우의 열량을 비교하여 보아라. 어느 편이 큰가?

⑥ 수용액 중에서 H^+ 이온은 물에 배위되어 하이드로늄 이온으로 존재하고 있다는 사실에 근거하여 이 까닭을 설명하여라.

(2) 산과 염기가 중화될 때

① 증발접시에는 0.1N NaOH 5 ml를, 비이커에는 0.1N HCl 5 ml 가량을 각각 취하고 여기에 페놀레드 지시약 한 방울씩을 떨어뜨려라. 각각의 색깔이 어떻게 변색되는가?

② 비이커에 담긴 염산을 드롭퍼로 한 방울씩 증발접시에 담긴 NaOH 용액에 떨어뜨려 주어라. 처음에는 산의 색깔이 곧 사라지고 염기의 색깔이 바로 나타나지만, 가하여 준 산의 양이 늘어남에 따라 산의 색깔이 사라지는 데 시간이 더 걸리게 된다. 산의 색깔이 사라지는 속도가 아주 느려지고 염기의 색깔도 점점 흐려져서 산과 염기의 중간색이 되었을 때 염기는 완전히 중화되어진 것이다. 이 중화 반응을 화학 방정식으로 나타내어라.

완전히 중화된 순간을 학술적으로 어떤 점이라고 부르는가?

이 중화 반응 과정에서도 열이 발생되는 것을 감지할 수 있는가?

이 열을 무엇이라고 하는가?

③ 중화 반응이란 산의 H^+와 염기의 OH^-이온이 서로 결합하여 산도 염기도 아닌 물이 되는 과정이라 볼 때, 이 사실을 화학 결합론적인 입장에서는 어떻게 말할 수 있는가?

중화 반응의 이온 방정식을 써라.

이 중화 반응에서 중화 반응이 일어나는 것을 구경만하고 있는 이온종은 무엇인가?

---

④ 완전히 중화된 증발접시에 담긴 내용물을 그림-73과 같이 간접 가열하여 물을 완전히 증발시켜 그 잔유물의 성질을 조사하여 보아라.

잔유물의 색깔 :

잔유물의 결정 :

잔유물의 맛 :

이 잔유물은 어떤 물질인가?

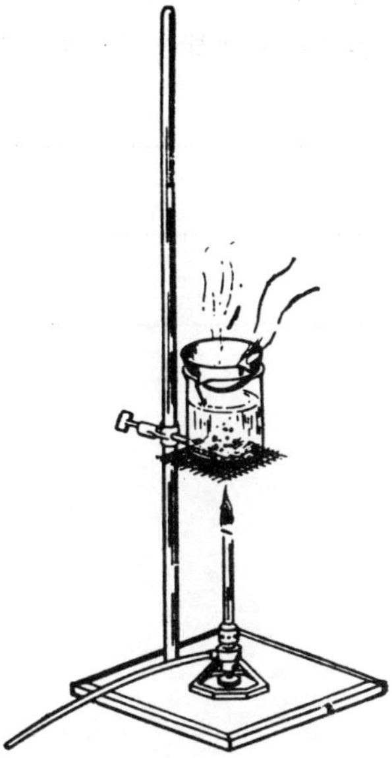

그림-73. 끓는 물의 증발

(3) 산이 생성될 때

① 인의 산화물 소량을 취하여 증발접시 위에 엎어 놓은 시계접시에 옮기고 여기에 물을 한 방울씩 가하여 주어라. 이 때 어떤 변화가 일어나는가?

시계접시에 담긴 내용물에 푸른 리트머스 종이를 담가보아라. 어떻게 변색되는가?

이 때 생성된 물질은 무엇인가?

이 변화를 화학 방정식으로 나타내어라.

---

② 초산나트륨 소량을 시험관에 넣고 여기에 묽은 황산 3 ml를 가하고 약간 가온하여 주어라. 시험관 주둥이 근처에 코를 가까이 대고 냄새를 맡아 보아라. 어떤 냄새가 나는가?

이것은 어떤 변화가 일어난 결과인가?

이 변화를 이온식으로 기술하여라.

이 때는 어떤 공유 결합이 이루어지는가?

---

③ 탄산나트륨 수용액에 묽은 황산을 가하여 줄 때 CO_2가 발생하는 사실을 (3)-②의 결과와 비교하여 설명하여라.

실험-19	실험대 번호	학과 년 번	실험일자	제출일자	검인
		이름	년 월 일	년 월 일	

6장 기 체

실험-20. 산소의 제법과 그 성질

실험 목적

실험실에서는 이산화망간을 촉매로 쓰고, 염소산칼륨을 열분해시켜 산소 기체를 얻는다. 이 방법에 따라 산소 기체를 발생시켜 그 화학적인 성질을 조사하여 본다.

기 구

경질 시험관, 기체 포집병, 물통, 시험관, 핀셋, 연소 숟갈, 기체 유도관, 시약병, 도가니, 분젠 버어너, 유리판덮개(포집병에 맞는 것), 깔때기, 증발접시, 스탠드 및 링, 유리 막대, 철사, 마른 모래,

시 약

$KClO_3$, MnO_2, S(가루), 마그네슘 리본, 거름종이, 리트머스 종이, $Ca(OH)_2$, 증류수

유의 사항

(1) $KClO_3$만을 가열 분해시키자면 이 물질의 융점 부근까지 강하게 가열하여 주어야 하는데, 이 온도에서 탄소, 황, 고무 등 연소될 수 있는 물질이 불순물로 포함되어 있을 경우 폭발되는 수가 있다. 그러므로, 이산화망간을 촉매로 써서 이보다 훨씬 낮은 온도(약 100°C 정도)에서 산소를 발생시킨다.

(2) 촉매로 사용하는 MnO_2에 불순물이 섞여 있는 경우가 많으므로 촉매를 미리 가열하여 연소 가능한 물질을 제거한 다음에 쓰도록 한다.

실험법 및 결과 보고

(1) 산소의 발생

① 이산화망간 2g을 달아 도가니에 넣고 3~4분동안 분젠 버어너로 강열한 다음 실온으로 식혀 준다. 이 MnO_2를 깨끗한 종이에 쏟아 내고, 여기에 6g의 염소산칼륨을 가하고 잘 섞어 주어라. 섞을 때는 금속제 약수저 대신에 뿔로 만든 것이나 깨끗한 나무 조각을 쓰는 것이 좋다.

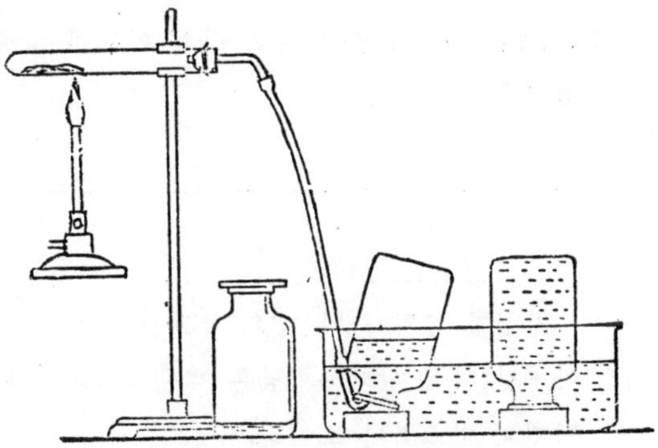

그림-74. 산소의 발생 장치

② 이 혼합물을 그림-74와 같은 장

치 중의 시험관에 옮겨 담는다. 시료가 다져지지 않도록 설피게 넣는 것이 좋다. 시험관의 마개와 기체 유도관의 연결 부분이 잘 막혀 있는가를 확인한 다음 분젠 버어너로 가열하여 기체를 발생시켜라. 시험관은 그림에서와 같이 아가리가 약간 아래로 향하도록 하여야 한다.

③ 기체가 발생되는 동안 기체 유도관의 끝은 물통 속의 물에 담가 기포를 보아 기체가 발생되어 나오는 양을 조절하여 주도록 한다. 처음 1분동안 발생하는 기체는 포집병에 모으지 말고 그대로 버려야 하는데 왜 이렇게 하여야 하는가?

다음에는 포집병에 물을 가득 채워 내부의 공기를 모두 몰아 낸 다음 그림에서와 같이 거꾸로 세우고 기체 유도관의 끝을 포집병 아가리에 대어 발생되어 나오는 기체를 모은다. 기체가 한 병 모아지면 유리판으로 병의 아가리를 막고 병을 꺼내어 바로 세워 보관한다. 이러한 방법으로 기체 4병을 모아라. 이러한 포집 방법을 쓸 수 있는 까닭은 무엇인가?

이 밖에 기체를 모으는 방법에는 어떤 것이 있는가?

만일 발생시키는 기체가 Cl_2라면 어떤 방법으로 모아야 하는가?

---

④ 기체를 필요한 양만큼 얻어 내고 불을 끌 때는 불을 끄기 전에 반드시 기체 유도관을 물밖으로 빼내어야 한다. 그렇지 않으면 물이 기체 유도관을 통하여 식지 않는 시험관 속으로 거슬러 들어가 시험관이 깨지게 된다.

⑤ 시험관이 실온으로 식은 다음 여기에 증류수를 약간 넣어 흔들어 보아라. 어떻게 되는가?

시험관 중의 녹지 않은 물질을 깔때기를 써서 걸러라. 침전은 소량의 증류수로 씻어내린 다음 말려라. 남은 액은 버리지 말고 모아 둔다. 이 때 얻은 침전을 이산화망간과 비교하여 보아라.

또한 그 무게를 달아 보아라.

침전의 무게 : .... g

이 실험 중에 이산화망간은 변화되었는가?

이러한 물질을 화학적으로 무엇이라 부르는가?

⑥ 실험 ⑤에서 모아 둔 남은 액 10 ml를 증발접시에 옮기고 서서히 가열하여 물기를 완전히 증발시키면 어떤 물질이 남는가?

이 물질을 염소산칼슘과 비교하여 보아라.

이 때의 변화를 화학 방정식으로 기술하여라.

(2) 산소의 성질

① 실험 (1)에서 포집한 첫째 병에 마그네슘 리본 5 cm 정도를 연소 숟갈에 넣고 그 끝에 불을 붙여 넣어 보아라. 이 때 마그네슘 리본이 포집병의 기벽에 닿지 않도록 조심하여라. 어떤 변화가 일어나는가?

왜 이러한 변화가 일어나는가?

이 때 일어나는 화학 변화를 방정식으로 나타내어라.

타고 남은 재가 담긴 포집병에 증류수 10 ml 가량을 가하고 잘 흔들어 보아라. 잘 녹는가?

이 수용액에 붉은색 리트머스 종이를 담가 보아라. 어떻게 변색되는가?

수용액 중에 생성된 물질은 무엇인가?

---

② 황가루를 깨끗한 종이에 소량 옮겨 놓고 이것을 불에 달군 유리 막대 끝에 묻힌 다음 둘째 병에 집어 넣어 보아라. 어떤 변화가 일어나는가?

황이 모두 탄 다음 이 병에 증류수 10 ml 가량을 넣고 유리판으로 아가리를 막고 잘 흔들어 주어라. 그리고, 이 수용액에 푸른 리트머스 종이를 담가 보아라. 어떻게 변색되는가?

이 사실로써 수용액 중에 녹아 있는 물질은 무엇이라 생각할 수 있는가?

이 때의 변화를 화학 방정식으로 써라.

---

③ 포집해 놓은 세째 병에는 마른 모래를 병 밑에 1 cm 가량 차도록 재빨리 넣고 유리판을 다시 닫아라. 여기에 1 cm 가량의 가는 철사를 성냥개비에 감고 불을 붙였다가 불꽃을 끈 다음 불똥이 사라지기 전에 핀셋으로 잡아 병 속 모래 위에 집어 넣어 준다. 어떤 변화가 일어나는가?

이 실험에서 얻은 물질과 철사를 분젠 버어너에서 강열한 다음 식힌 것을 비교하여 보아라. 어떤 점이 다른가?

또, 달라지는 까닭은 무엇인가?

이 때의 변화를 화학 방정식으로 나타내어라.

---

④ 나무 젓가락 조각을 핀셋으로 잡고 한쪽 끝을 불꽃에 대어 불을 붙여라. 불이 붙어 타기 시작하거든 불꽃을 입으로 불어서 끄고 이것을 물기가 없는 도가니에 넣어 이

것을 네번째 산소병에 넣고 유리판을 닫아라. 어떤 변화가 일어나는가?

⑤ 불이 꺼진 다음 도가니를 꺼내고 여기에 미리 만들어 두었던 석회수를 10 ml 가량 넣고 흔들어 보아라. 어떤 변화가 일어나는가?

이 때의 변화를 화학 방정식으로 나타내어라.

이 때 생겨난 흰 침전에 유리 막대를 통하여 입김을 계속 불어 넣어 보아라. 어떻게 되겠는가?

왜 이러한 변화가 일어나는가?

이러한 실험 사실로써 석회암 지대에 동굴이 생기는 까닭을 설명하여라.

⑥ 앞에서 하여 본 실험 결과로부터 관찰하여 낸 산소의 물리, 화학적인 성질을 모두 기술하여라.

물리적 성질 :

화학적 성질 :

⑦ 이 밖에 산소 기체를 얻는 방법을 아는대로 기술하여라.

실험-20	실험대 번호	학과 년 번	실험일자	제출일자	검인
		이름	년 월 일	년 월 일	

실험-21. 수소의 제법과 그 성질

실험 목적

수소는 실험실에서는 보통 수소보다 반응성이 큰 금속에 강산를 반응시켜 얻어낸다. 이러한 전형적인 한 경우를 실험을 통하여 익히고, 수소의 성질을 조사하여 본다.

기 구

아가리 넓은 병, 시약 넣는 깔때기, 기체 유도관, 물통, 시험관, 굵은 유리관(내경 1인치 정도), 기체 분출관, 분젠 버어너, 연소 도가니(보오트 모양), 고무 마개, 스탠드, 클램프, 비이커, 핀치 클램프

시 약

아연 조각, 3M H_2SO_4, CuO, Fe_2O_3, $CuSO_4$, 양초

유의 사항

(1) 수소와 산소의 혼합 기체는 불길에 닿으면 맹렬하게 폭발하므로 대단히 위험하다. 그러므로 기체 발생 장치 중의 마개 및 연결부가 새지 않도록 특별히 조심하여야 한다.
(2) 실험 장치를 꾸민 다음 반드시 지도 교수의 검사를 받고 산을 가하여 주도록 한다.
(3) 그리고 기체를 모을 때는 실험법에 지적한 바에 따라 장치의 내부에 있는 공기를 완전히 몰아 낸 다음의 것을 포집하여야 한다.

실험법 및 결과 보고

(1) 수소의 발생

① 그림-75와 같은 장치를 꾸미고 아가리 넓은 병에 아연 조각 15g을 달아 넣어라. 병마개를 새지 않게 꼭 막고 시약 넣는 깔때기 및 기체 유도관을 끼어 넣은 곳이 새지 않는가를 확인하여야 한다. 확인하는 방법은 다음과 같은 요령을 따르면 편리하다. 연결부 위에 물을 약간 묻히고 기체 유도관의 중간을 핀치 클램프로 조인 다음, 시약 넣는 관의 아가리를 입으로 힘껏 불어 보아 연결부 위에서 바람이 새면서 기포가 생겨나지 않는가를 살핀다.

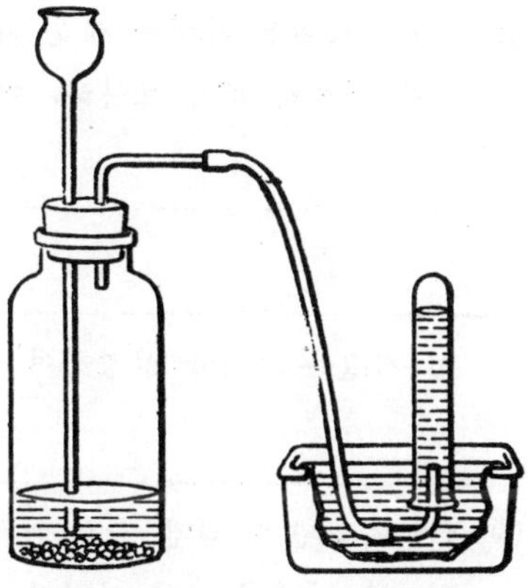

그림-75. 수소의 발생 장치

발생 장치 중의 깔때기 끝이 산에 잘 잠기지 않으면 어떤 일이 일어나겠는가?

② 장치가 완성되었으면 지도 교수의 승인을 받은 다음 3 M 황산 100 ml를 비이커에 취하고, 이것을 시약 넣는 깔때기를 통하여 조금씩 부어 넣는다. 처음에 가하여 주는 양은 깔때기의 아래 끝이 완전히 잠기기에 충분해야 한다. 황산을 가하여 주는 양은 수소 기체가 발생되어 나오는 속도에 따라 알맞게 조절하여 주는 것이 안전하다.

③ 발생되어 나오는 수소 기체는 산소를 모을 때와 마찬가지로 상방치환법으로 시험관에 포집한다. 포집된 시험관의 아가리를 엄지 손가락 끝으로 꽉 막고 버어너의 불길에 가까이 대고 손가락 끝을 떼어 보아라. 어떤 변화가 일어나는가?

이 때 소리가 크게 나는 것은 장치 내부의 공기가 아직 다 빠져 나오지 않은 증거이니 소리가 작아질 때까지 이 실험을 반복하여 내부의 공기를 모두 제거시킨 다음 수소 기체를 모아 다음 실험을 하여 본다.

시험관에 수소 기체가 가득 차면 물 속에서 시험관 아가리에 꼭 맞는 마개로 단단히 막고, 꺼내어 아가리가 아래로 향하도록 거꾸로 세워 보관하여라. 같은 방법으로 네 개의 시험관에 수소 기체를 포집하여 다음 실험을 하여 본다.

(2) 수소 기체의 성질

① 첫째 시험관의 아가리를 불꽃에 가까히 대고 마개를 빨리 빼어 보아라. 어떤 변화가 일어나는가?

② 둘째 시험관은 거꾸로 세운 채 마개를 빼고 잠시 바로 세웠다가 다시 거꾸로하여 불꽃에 가까히 대어 보아라. 어떤 변화가 일어나는가?

이 사실은 무엇을 설명하여 주는가?

③ 세째 시험관에 담긴 수소 기체를 마개를 막은 채 바로 세우고, 물기가 없는 다른 시험관을 기체가 담긴 시험관 위에 거꾸로 세워 아가리를 맞춘 다음 마개를 빼고 1~2분 기다려라. 다음에 기체가 담겼던 시험관를 불꽃에 가까이 대어 보아라. 변화가 있는가?

위에 거꾸로 세웠던 시험관을 불꽃에 가까이 대어 보아라. 어떤 변화가 일어나는가?

이 결과는 어떤 점을 설명하여 주는가?

시험관 기벽을 잘 살펴 보아라. 시험관이 따뜻하여졌는가?

이 때의 변화를 열화학 방정식으로 기술하여라.

---

④ 기체가 담긴 네 번째 시험관을 거꾸로 세운 채 마개를 빼고 작은 양초에 불을 붙여 이것을 시험관 속으로 밀어 넣어 보아라. 어떻게 되겠는가?

이것은 수소의 어떤 성질을 밝혀주는가?

산소와 다른 점은 무엇인가?

---

⑤ 그림-76과 같은 장치를 꾸며 다음 실험을 하여 보아라.

ⓐ 연소 보오트에 CuO를 소량 넣고 유리관의 중앙부 위까지 밀어 넣고 양쪽 마개를 꼭 막는다. 기체 유도관의 끝을 좌측 유입관에 연결하고 기체 발생 장치에 산을 더 가하여 수소를 발생시켜 불을 붙이지 말고 1~2분동안 수소를 통하여 유리관 내부의 공기를 모두 몰아 내어라. 다음 분젠 버어너로 시료를 약하게 가온하여 주어라. 어떤 변화가 일어나는가?

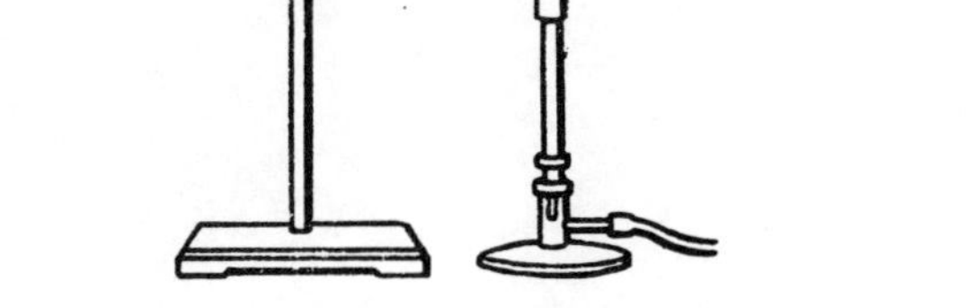

그림-76.

이 때의 변화를 화학 방정식으로 나타내어라.

ⓑ 실험 ⓐ를 마치면 버어너의 불을 끄고 실온으로 유리관을 식힌 다음 연소 보오트를 꺼내어 내용물을 비우고, 여기에 Fe_2O_3을 약간 넣고 ⓐ에서와 같은 요령의 실험을 하여 보아라. 어떤 변화가 일어나는가?

이 때의 변화를 화학 방정식으로 기술하여라.

CuO 와 Fe_2O_3 중 어느 편이 쉽게 변하는가?

이 까닭은 무엇인가?

ⓒ 실험, ⓐ 및 ⓑ의 결과는 어떤 사실을 설명하여 주는가?

실험-21	실험대 번호	학과 년 번	실험일자	제출일자	검인
		이름	년 월 일	년 월 일	

실험-22. 기체의 물리적 성질

실험 목적

기체의 압력, 부피 및 온도 간의 정량적인 변화 관계를 실험적으로 측정하여 이 결과로부터 기체의 거시적인 성질을 설명하여 주는 기체의 법칙을 실험적으로 유도하여 본다.

기 구

부피 재는관, 수은 저장 밸브, 진공 고무관, 비이커, 스탠드 및 링, 클램프, 온도계

시 약

수은

유의 사항

(1) 그림-77에 나타낸 장치 중 주요 부분은 만들어 둔 것을 이용한다.

(2) 수은의 증기는 대단히 유해하므로 수은을 다루다가 한 방울이라도 실험대나 실험실 바닥에 떨어졌을 때는 반드시 모두 주워 모으도록 해야 한다. 수은의 작은 방울을 모을 때는 자석을 쓰면 편리하다. 그리고, 수은 저장 밸브에 수은을 넣은 다음, 그 위에 물을 약간을 넣어 수은의 표면을 덮어 주는 것이 좋다.

실험법 및 결과 보고

(1) Boyle의 법칙

① 그림-77과 같은 장치를 꾸미고 수은 저장 밸브에 알맞은 양의 수은을 넣어라. 수은 밸브를 높이 올리면 부피 재는 관 중의 기체 부피는 작아지고 아래로 내리면 관 중의 기체 부피는 커진다. 수은 밸브 중의 수은의 높이와 부피 재는 관의 수은주 높이를 같게 하여 주면 관 내부의 기체 압력은 대기압과 같아 진다.

이 때 기압계의 눈금을 읽어 대기압을 재어라.

실험실의 대기압 : ....

그리고 관 내부에 잡혀 있는 기체의 부피를 가능한 정확하게 읽어 기록하여라.

기체의 부피 : ....

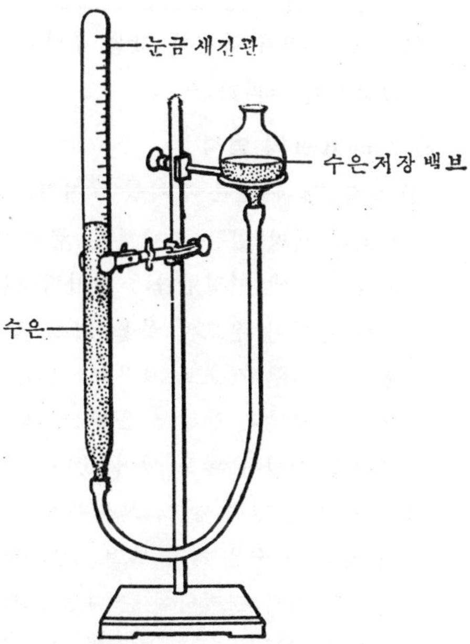

그림-77. Boyle의 법칙 실험 장치

② 수은 밸브를 높이 올리면 각각 다른 세 점에서의 기체 부피 및 수은 밸브와 부피 재는 관의 수은의 높이 차를 정확히 재어라. 또한 수은 밸브로 내려 주면서 같은 요령으로 부피와 높이 차이를 잰다.

		기체의 부피 (ml)	높이의 차 (mm)	기체의 압력 (mHg)
위	ⓐ	----------	----------	----------
	ⓑ	----------	----------	----------
	ⓒ	----------	----------	----------
아래	ⓓ	----------	----------	----------
	ⓔ	----------	----------	----------
	ⓕ	----------	----------	----------

각 경우에 있어서 기체의 압력은 대기압의 높이 차이에 해당하는 압력을 더하거나 감하여 주면 구할 수 있다.

③ 위에서 측정한 기체의 압력과 부피를 더한 값을 구하여라.

ⓐ	ⓑ	ⓒ	ⓓ	ⓔ	ⓕ

위의 결과로부터 Boyle의 법칙을 유도하여라.

----

④ 실험 ②에서 측정한 값을 부피는 횡축, 압력을 종축으로 잡아 다음 그래프 용지에 그래프를 그려라.

(2) Amonton의 법칙

① 그림-78과 같은 장치를 꾸며라. 가스 밸브에 달려 있는 모세관의 끝을 수은 저장 밸브에 연결한다. 비이커에는 실온과 동일한 온도의 물을 가스 밸브가 완전히 덮일 정도로 채우고, 수은 저장 밸브에 알맞은 양의 수은을 넣고 수은 표면을 소량의 물로 덮어 준다.

② 스톱 콕을 열어 놓고, 모세관 중의 수은의 높이와 수은 저장 밸브 중의 수은의 높이를 같게 조절하여 준 다음 모세관의 수은이 차있는 곳에 눈금을 그어라. 이 때의 물의 온도를 정확히 측정하고, 실

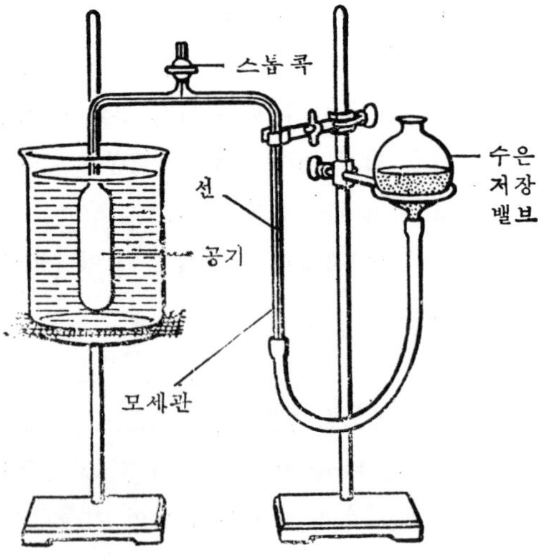

그림-78. Amonton의 법칙 실험 장치

험실 내의 대기압을 읽어 기록하여라.

물의 온도 ______________________ °C

대 기 압 ______________________ mHg

③ 스톱 콕을 잠그고 비이커의 물을 가온하여 처음 온도보다 20° C 만큼 온도를 높여 주어라.

어떤 변화가 일어나는가?

모세관의 수은주 높이가 낮아지는 까닭을 설명하여라.

④ 같은 온도를 유지하면서 모세관의 수은 높이가 처음에 표시한 눈금에 이를 때까지 수은 저장 밸브를 높여 준 다음, 모세관 수은주와 수은 저장 밸브 중의 수은 높이의 차이를 측정하여라.

이 때 가스 밸브의 부피는 변화하였다고 볼 수 있는가?

온도를 40° C 높여 주었을 때, 60° C 높여 주었을 때와 같은 요령의 실험을 하여 온도와 수은 높이의 차이를 각각 구하여라. 그리고 가스 밸브 내의 압력은 대기압에 수은 높이의 차이를 더한 것으로 생각하여 측정한 값으로부터 이 압력을 각각 산출하여라.

온　도	높이의 차이	가스 밸브 내의 압력
실온	0	mHg
실온+20°C	mm	mHg
실온+40°C	mm	mHg
실온+60。C	mm	mHg

⑤ 실험 ④에서 구한 값을 써서 횡축은 온도, 종축은 압력으로 잡아 온도와 압력 간의

관계를 그려라. (그래프 용지는 앞에서 사용한 것을 활용하고 펜의 색깔만을 다른 것으로 표시하여라.)

⑥ 이 결과로써 Amonton의 법칙을 설명하여라.

---

(3) Charles의 법칙을 실험적으로 밝혀 내기 알맞은 실험 장치를 고안하여 그림으로 나타내어 보아라.

실험-22	실험대 번호	학과 년 번	실험일자	제출일자	검인
		이름	년 월 일	년 월 일	

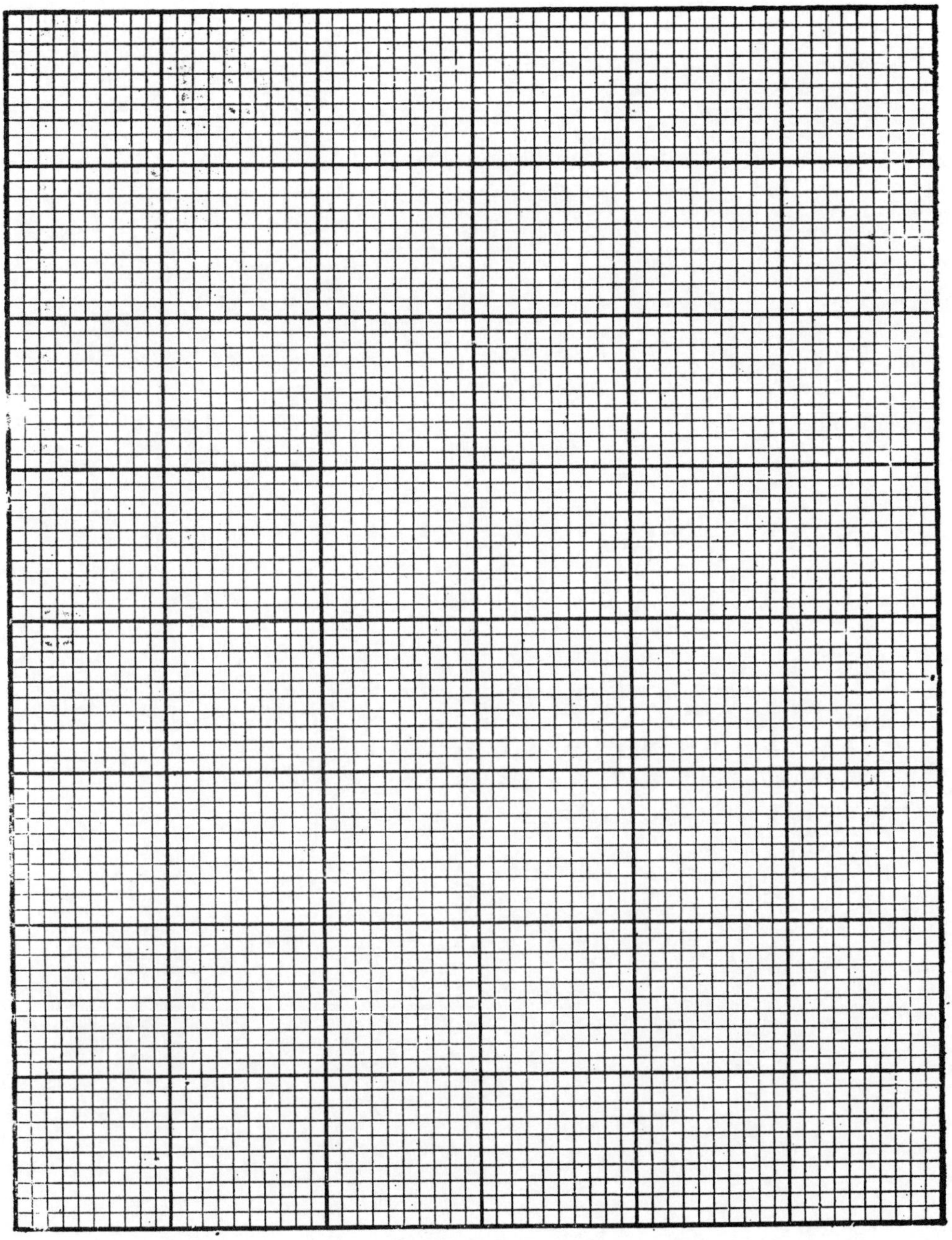

그림-79. 그래프 용지

실험-23. 기체 밀도법에 의한 분자량의 측정

실험 목적

휘발성이 큰 물질의 일정량을 완전히 기화시켜, 일정한 온도에서의 그 압력과 부피를 실험적으로 측정하면 이상 기체의 방정식을 이용하여 이 물질의 분자량을 알아 낼 수 있다.

기 구

250 ml 밑둥근 플라스크, 비이커, 고무 마개, 유리관, 석면 그물망, 스탠드 및 링

시 약

휘발성 시료

실험법 및 결과 보고

(1) 분자량의 측정

① 250 ml 밑둥근 플라스크를 깨끗이 닦아 물기를 완전히 말려라. 그림-80 에서와 같이 마개에 5~6 cm 정도의 유리관을 잘 맞게 끼우고, 그 끝을 1 mm 정도 되도록 뽑아 낸다. 플라스크의 마개를 포함한 무게를 0.01 g 까지 정확하게 달아라.

플라스크+마개의 무게 : ______________________ g

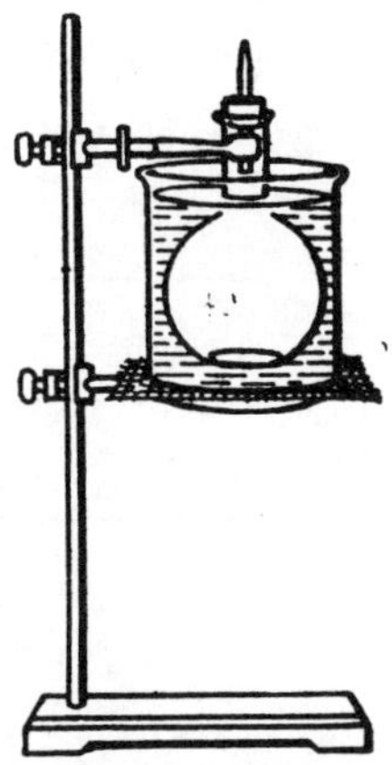

그림-80. 분자량 측정 장치

② 이 플라스크에 소량의 휘발성 시료 3 ml 를 넣고 그림-80 과 같이 장치한 다음 서서히 가열하여 물을 끓여 주어라. 내부의 휘발성 물질이 모두 기화될 때까지 가열을 계속하여 준 다음 유리관 끝부분에 맺히는 시료의 방울을 완전히 없애고 불을 끈다. 플라스크를 비이커에서 빼내어 실온으로 식혀 이 용기 내부에 있는 기체 상태의 물질을 응고시키고, 이 플라스크 밖에 묻어 있는 물기를 완전히 제거한 다음 이 무게를 앞에서와 같은 요령으로 재어라.

기체 시료의 무게는 얼마인가?

기체 시료 무게 : ______________________ g

이 때의 대기압을 기록하여라.

대기압 : ______________________ mHg

이 기체 시료가 100° C에서 차지하는 부피는 무엇과 같으며, 왜 그럴까?

____

____

____

③ 플라스크 속에 있는 시료를 아세톤으로 몇 번 씻어 내어 완전히 말려라. 여기에 증류수를 병목 근처까지 채우고 마개를 눌러 유리관 위까지 물이 차도록 하여 내부의 공기를 완전히 몰아내고, 이 무게를 앞에서와 같은 요령으로 달아라. 그리고, 이 물의 온도를 측정하여라. 화학편람에 실려 있는 이 온도에서의 물의 밀도값을 이용하여 이 용기의 정확한 부피를 계산하여라.

④ 앞에 재어낸 값들을 써서 이 물질의 분자량을 계산하여라.

(2) 분자식 구하기

실험식이 CH_2인 어떤 유기물질 1 g을 완전히 증발시키니 S.T.P. (0°C, 1 atm)에서 250 ml의 부피를 차지하였다. 이 물질의 분자식은 무엇인가 계산으로 밝혀라.

실험 -23	실험대 번호	학과 년 번		실험일자	제출일자	검인
		이름		년 월 일	년 월 일	

실험-24. 돌턴의 분압 법칙

실험 목적

혼합 기체의 압력은 섞여 있는 성분 기체의 분압의 화와 같다. 공기나 수상 치환하여 모은 기체 등은 전형적인 혼합 기체계이다. 이 중에서 간단한 경우를 들어 돌턴의 분압 법칙을 실험적으로 밝혀 본다.

기 구

밑둥근 플라스크, 유리곡관, U자관, 굵은 철사, 가는 철사, 아가리넓은 시약병, 유리판, 스탠드 및 링, 클램프

시 약

수은, NaOH, $CaCl_2$(무수), 양초, 질소

유의 사항

이 실험은 특히 장치의 어느 부분이든 조금이라도 새는 곳이 있으면 성과를 거둘 수 없으므로 마개와 연결 부분을 단단히 막도록 한다.

실험법 및 결과 보고

(1) 공기 중의 산소의 분압

① 그림-81과 같은 장치를 꾸미고, 이 중 500 ml 밑둥근 플라스크에 10 % NaOH 수용액 100 ml를 넣고, 유리곡관 끝에 가는 철사로 잡아맨 철사에 양초 도막을 끼워 세운다. U자관에는 알맞은 양의 수은을 넣어 그 높이를 수평시켜 주어라. 핀치 클램프 A를 잠그고 마개를 빼어 양초에 불을 붙여 재빨리 다시 막고 불이 꺼질 때까지 양초를 태운다. 이 때 수은주의 높이가 어떻게 달라지는가?

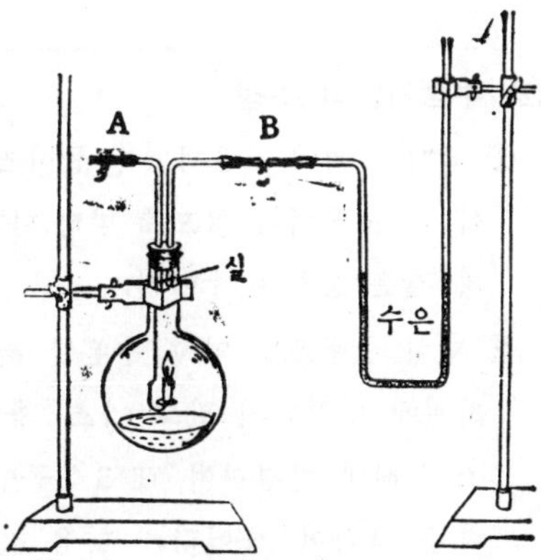

그림-81. 산소의 분압 실험 장치

왜 이러한 변화가 일어나는가?

----

② 촛불이 꺼지거든 핀치 클램프 B를 단단히 막고 플라스크를 U자관에서 떼어 약간 저어 주고, 곧 다시 연결하여 실온으로 냉각시켜 주어라.

이 때 어떤 변화가 일어나는가?

이 때 U자관의 수은주 높이의 차이를 가능한한 정확히 재어라.

수은주의 높이 차 : ________________ cm

수은이 담긴 U자관의 내경을 측정하여 이 값과 수은주의 낙차를 써서 플라스크 내부의 감소된 압력을 계산하여라.

플라스크 속에 NaOH 수용액을 넣어 주는 까닭은 무엇인가?

플라스크 내부의 압력을 질소의 분압이라 생각할 수 있는가?

---

(2) 수증기압의 측정

① 실험 (1)에서 사용하였던 플라스크를 깨끗이 닦아 물기가 없도록 말린 다음 그림-82와 같은 장치를 꾸며라.

② 핀치 클램프를 열고 수은이 들어 있는 U자관에 연결하지 말고 가스 유입관을 질소 봄베에 연결하여 약 3분동안 질소 기체를 통하여 주어라. 다음 질소 봄베를 잠그고, 이어서 핀치 클램프를 잠근 다음 플라스크를 U자관에 연결하여라. 이 때 수은주의 높이가 달라지는가?

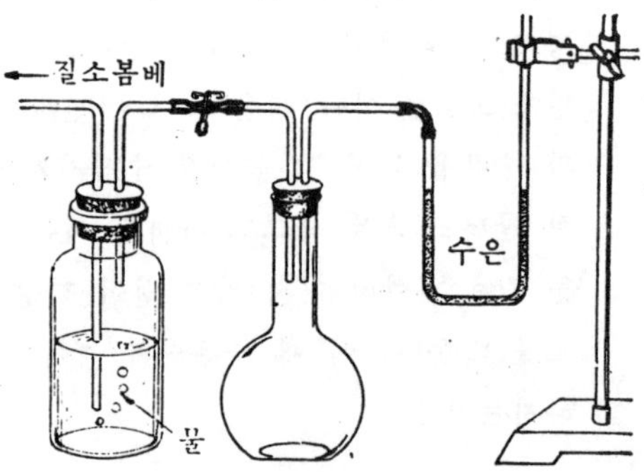

그림-82. 수증기압 측정 장치

---

③ 무수 염화칼슘 3g을 달아 플라스크의 마개를 열고 재빨리 집어 넣어 마개를 꼭 막고 방치하여 두어라. 어떤 변화가 일어나는가?

실험 (1)-(2)에서와 같은 요령으로 플라스크 내부의 감소된 압력을 구하여라.

이 압력을 수증기압이라고 생각할 수 있는 까닭은 무엇인가?

(3) 측정치의 해석

① 실험 (1)과 (2)의 결과를 종합하여 질소의 분압을 구하여라.

② 이 실험 결과가 돌턴의 분압 법칙에 부합되는가?

③ 실험 오차를 계산하고, 이러한 오차가 생기게 되는 가장 큰 원인을 밝혀라.

실험-24	실험대 번호	학과 년 번		실험일자	제출일자	검인
		이름		년 월 일	년 월 일	

실험-25. Graham 법칙

실험 목적

기체는 물리적으로 혼합시키지 않더라도 다른 기체와 잘 섞일 수 있다는 것은 이미 알려진 사실이며, Graham 은 기체의 확산 속도가 그들 기체의 비중이나 분자량의 평방근에 반비례함을 발견했다.

다음의 실험은 유리관의 한쪽에서는 염산에서 유리되는 염화수소, 또 다른 쪽에서는 수산화암모늄에서 유리되는 암모니아를 각각 공기를 통하여 확산하게 하고, 이 기체들이 만나는 점은 염화암모늄의 흰 고리가 생기는 점으로서, 유리관의 양쪽 끝에서 이 점이 생기는 거리를 재어 봄으로써 기체의 확산 속도를 실험하여 본다.

기 구

탈지면, 자, 유리관(지름 2 cm, 길이 60 cm), 피펫, 코르크 마개 2개, 핀셋, 클램프 및 스탠드

시 약

암모니아수, 진한 염산

실험법 및 결과 보고

◇ 기체의 확산 속도

그림 82-2와 같은 장치를 꾸미고, 본 실험에 사용되는 기구는 직경 2 cm, 길이 40 cm의 유리관이나, 학생들이 짝을 지어 실습하는 데는 길이 60 cm의 유리관이 더 편리하다. 유리관을 완전히 건조시킨 후 실험대 위에 장치해 놓고, 유리관의 양쪽 끝에 탈지면 뭉치로 허술하게 막는다. 한 증발접시에는 6 *M* 수산화암모늄액 2~3 m*l*를 붓고, 다른 쪽의 증발접시에는 진한 염산을 부어 이 접시를 몇 피이트 떨어지게 놓아 둔 후에, 핀셋을 사용하여 한 솜뭉치의 끝에는 수산화암모늄을 적시고, 다른 솜뭉치의 끝에는 염산을 적신다. 유리관의 양 끝에 동시에 솜뭉치를 넣고, 기체가 만날 때까지 이 유리관을 움직이지 말아야 한다. 흰 고리가 생기는 점은 아주 눈명하며, 솜뭉치에서 이 거리까지를 잰다.

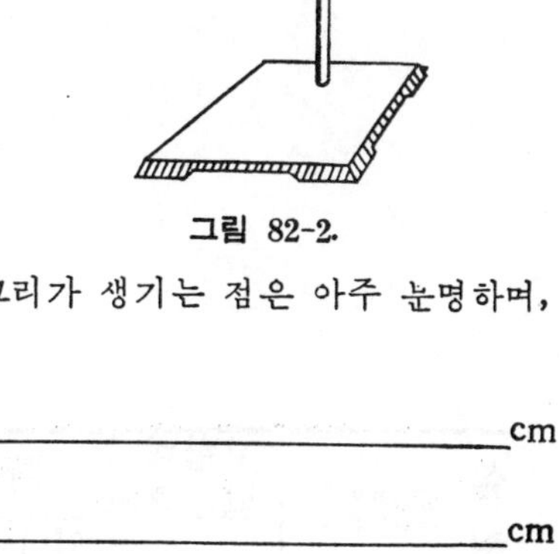

그림 82-2.

① NH_3 기체가 이동한 거리 ; ________________ cm

② HCl 기체가 이동한 거리 ; ________________ cm

③ NH_3/HCl 의 거리의 비 ; ________________

④ NH_3와 HCl의 분자량을 이용하여 Graham 법칙에 따라서 확산 속도율을 구하여라.

$$\frac{NH_3\text{의 확산 속도}}{HCl\text{의 확산 속도}} = \frac{\sqrt{HCl\text{의 분자량}}}{\sqrt{NH_3\text{의 분자량}}}$$

실험-25	실험대 번호	학과 년 번		실험일자	제출일자	검인
		이름		년 월 일	년 월 일	

실험-26. 이산화탄소

실험 목적

식물이나 동물은 대부분이 탄소의 화합물로 되어 있다. 특히 식물계에서 대단히 중요한 역할을 하는 이산화탄소의 제법과 그 반응 및 성질을 관찰해 본다.

기 구

경질 시험관, 시험관, 유도관, 깔때기관, 고무마개, 집기병, 플라스크, 시계접시

시 약

$CaCO_3$, conc HCl, 리트머스 시험지, 석회수, NaOH

실험법 및 결과 보고

(1) 이산화탄소의 제법

그림 82-3과 같은 장치를 만들고, 몇 개의 $CaCO_3$ 조각과 깔때기관으로 묽은 HCl을 가한다. 발생하는 이산화탄소는 몇 개의 집기병 속에 모은다. 탄산가스의 수집병 3개를 고정시키고, 유리판으로 병을 덮는다. 어떻게 탄산가스가 만들어지는지 반응식을 써라. ①

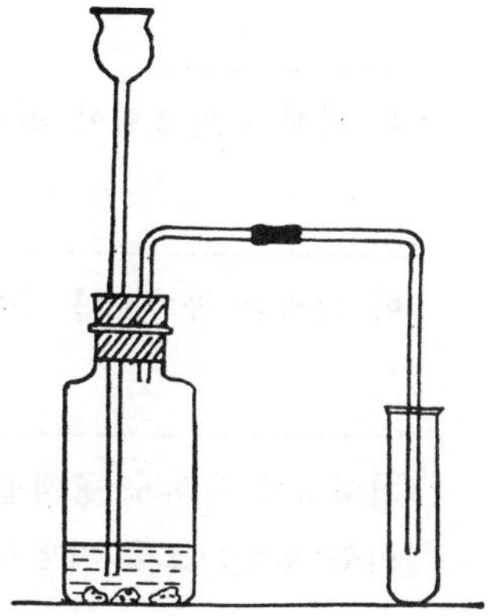

그림 82-3. 이산화탄소의 제조

---

(2) 이산화탄소의 성질

A. 리트머스 시험지로 증류수에 대한 작용을 보라. ②

비이커에 증류수를 채우고, 그 속에 유리 운반관을 장치하면 탄산가스의 거품이 생기는 것을 본다. 리트머스 시험지에 대한 이물의 작용은 어떠한가? ③

이런 작용은 어떤 화합물에 기인하는가? ④

탄산가스는 어떤 산의 무수물인가? ⑤

물에 대한 탄산가스의 작용을 반응식으로 나타내어라. ⑥

이 때 장치를 풀고 물과 산은 싱크에 버리며, 대리석은 폐수 단지에 버려라.

B 엷은 나무판을 세우고 불을 붙인 후 병 속에 든 기체를 흘러 보내면 물에서와 같은 불꽃이 생기는가? ⑦

이 기체는 연소력이 있는가? ⑧

이 기체는 공기보다 무거운가, 가벼운가? ⑨

기체병에 석회수 용액을 10 m*l* 가하고 흔들어 주면 어떤 현상이 일어나는가? ⑩
이는 탄산가스를 시험하는 방법이다. 이 때의 반응식을 써라. ⑪

시계접시에 석회수를 몇 m*l* 부은 후 반시간 동안 책상 위에 놓아 두어라. 어떤 결과가 일어나는가? ⑫

시험관에 석회수를 넣고, 이 시험관 속에 유리관을 넣어 입으로 공기를 넣어 주면 어떤 것이 증명될 수 있는가? ⑬

C. 탄산가스의 물에 대한 용해도는 얼마인가? ⑭

주어진 물의 양에 탄산가스가 녹으면 무게는 얼마나 증가되는가? ⑮
(※ Henry 의 법칙을 참고하라)

이런 원칙에 적용되는 것은 탄산가스의 어떤 작용에 의한 것인가? ⑯

D. 수산화칼슘과 수산화나트륨은 둘 다 염기성 약품이다. 여러분들이 얻은 결과에서 만일 공기 중에 수산화나트륨 용액을 며칠 동안 방치하였다면, 어떤 결과가 일어날까? ⑰

탄산의 염은 어떤 이름으로 불리어지는가? ⑱

E. 탄산가스에 대한 물리적인 성질을 다음 표에 써 넣어라.

색 깔	냄 새	맛	용해도	비 중	dry ice에서의 온도

실험-26	실험대 번호	학과 년 번	실 험 일 자	제 출 일 자	검인
		이름	년 월 일	년 월 일	

7장 액체와 고체

실험-27. 물의 성질과 수화물

실험 목적

물의 극성, 수화물의 생성, 및 촉매로써의 기능 등 몇 가지 대표적인 성질을 간단한 실험을 통하여 알아 보고, 알지 못하는 수화물을 분석하여 그 화학식을 결정하여 본다. 또한 수화 현상을 이용하는 간단한 실례를 생활 주변에서 찾아본다.

기 구

시험관, 시험관 집게, 도가니, 분젠 버어너, 약절구, 삼각석쇠, 스탠드 및 링, 드롭퍼, 피펫, 시험관 받침대

시 약

에틸알코올, *n*-부틸알코올, 벤젠, 글리세린, CCl_4, 석유, $BaCl_2$, $K_2Cr_2O_7$, NaCl, $MgSO_4$, $Ca(H_2PO_4)_2$, $NaHCO_3$, 묽은 염산, HCl 기체를 포화시킨 벤젠, 아연, 증류수

실험법 및 결과 보고

(1) 물의 극성

① 다섯 개의 시험관에 각각 3 m*l*씩의 증류수를 피펫으로 취하여 넣고, 메틸알코올, *n*-부틸알코올, 벤젠, 글리세린을 한 방울씩 흔들어 주면서 가하여 보아라. 몇 방울을 가하여야 층이 생겨나는가를 조사하여라.

시 약	층이 생길 때까지 가하여 준 방울수	용해도 순위
메틸알코올	______	______
n-부틸알코올	______	______
벤 젠	______	______
글 리 세 린	______	______

이 결과를 각 물질 분자에 존재하는 OH 원자단 및 탄소 원자수와 연관시켜 설명하여 보아라.

______

______

______

② 시험관에 각각 $CuSO_4$, Na_2CO_3, $CaCO_3$, FeS 1 g 씩을 넣고 증류수를 한 방울씩 가하여 완전히 녹을 때까지 몇 방울이나 가하여 주어야 하는가를 조사하여 보아라.

	가해 준 방울수	용해도 순위
$CuSO_4$		
Na_2CO_3		
$CaCO_3$		
FeS		

이 결과는 용해도 규칙에 부합되는가?

(2) **수화물의 생성**

① 하루 전에 시계접시에 담아 데시케이터 속에 넣어 표면에 흡착되어 있는 습기를 완전히 제거하여 준 $BaCl_2$, $K_2Cr_2O_7$, NaCl 및 $MgSO_4$의 결정 0.5g씩을 습기가 없는 시험관에 각각 취하여 서서히 가열하여 보아라. 어떤 물질의 경우 시험관 벽에 물방울이 많이 생기는가?

결정의 색깔과 모양은 어떻게 변하는가?

	색깔		모양	
	가열전	가열후	가열전	가열후
$BaCl_2$				
$K_2Cr_2O_7$				
NaCl				
$MgSO_4$				

결정에 함유되어 있는 물 분자는 그 물질의 분자와 완전한 화학 결합을 하고 있다고 볼 수 있는가?

② 물기가 없는 시계접시에 $Na_2SO_4 \cdot 10H_2O$와 $Na_2CO_3 \cdot 10H_2O$(세탁 소오다)를 소량씩 취하여 실험대 위에 방치하여 두어라. 어떤 변화가 일어나는가?

이러한 현상을 무엇이라 말하는가?

왜 이러한 현상이 일어나는가?

③ 불기가 없는 시계접시에 무수 염화칼슘과 수산화나트륨 결정을 소량 취하여 실험대 위에 놓아 두어라.

어떤 현상이 일어나는가?

이러한 성질을 무엇이라 말하는가?

이러한 성질은 어떤 데에 이용하고 있는가?

(3) **물의 촉매적인 작용**

① 물기를 말린 50 m*l* 비이커에 $Ca(H_2PO_4)_2$ 3 g을 취하고 여기에 $NaHCO_3$ 2 g을 넣고 유리 막대로 잘 섞어 주어라. 변화가 일어나는가?

여기에 증류수 10 m*l* 를 가하여 보아라. 어떤 변화가 일어나는가?

이 때의 변화를 화학 방정식으로 나타내어라.

이 변화 과정에서 물은 변화되었는가?

② 한 시험관에는 묽은 염산 3 m*l* 를 취하고 물기가 없는 다른 시험관에는 염화수소 기체를 포화시킨 벤젠 3 m*l* 를 취하고, 그 각각에 아연 조각을 집어 넣어 보아라. 어떤 변화가 일어나는가?

기체가 잘 발생되지 않는 시험관에 물을 몇 방울 가하여 주어라. 다른 점이 생겨나는가?

③ 물을 촉매라 말할 수 있는 까닭을 설명하여라.

---

(4) 수화물의 분석

① 미지의 시료 5g을 받아 약절구를 써서 갈아서 가루로 만들어라.

② 도가니를 분젠 버어너에서 세게 가열하여 달구었다가 다시 실온으로 식혀 그 무게를 0.01g까지 정확하게 재어라.

도가니 무게 : ______ g

③ 이 도가니에 2g정도의 수화물의 가루를 넣고 그 무게를 앞에서와 같은 요령으로 달아라.

수화물의 무게 : ______ g

④ 이 도가니를 삼각 석쇠 위에 얹고 분젠 버어너로 처음에는 서서히 가열하여 주다가 차츰 세게 가열하여 준다. 약 15분동안 가열하여 준 다음 가열을 중단하고 도가니를 실온으로 냉각시키고, 그 무게를 달아라. 다시 5분동안씩 강열하여 주고 실온으로 식혀 그 무게를 단다. 이 조작을 그 무게가 0.02g 이상 달라지지 않을 때까지 계속하여 준다.

가열 시간	도가니+수화물	감소된 무게
15분 가열 후의 무게	______ g	______ g
20분 가열 후의 무게	______ g	______ g
25분 가열 후의 무게	______ g	______ g

⑤ 지도 교수에게 배당받은 수화물의 화학식을 물어, 앞에서 측정한 수치를 이용하여 이 수화물의 화학식을 결정하여라.

---

(5) 가솔린, 석유 등에 함유되어 있는 미량의 수분은 엔진을 쉽게 마모시키는 주요 원인이다. 앞에서 실험한 내용을 참조하여 이 미량의 수분을 제거하는 방법을 고안하여 보아라.

실험-27	실험대 번호	학과 년 번		실험일자	제출일자	검인
		이름		년 월 일	년 월 일	

실험-28. 액체의 증기압과 증발열

실험 목적

액체의 증기압은 액체 분자의 휘발성이 클수록 일반적으로 높고, 같은 액체의 경우 온도가 상승되면 그 증기압은 커진다. 또한 쉽게 휘발되는 분자일수록 그 증발열은 작아진다. 따라서 액체의 증기압은 온도에 비례하고 증발열에 반비례하는 다음과 같은 식으로 나타낸다.

$$\log P_v = \frac{\Delta H_v}{2.3RT} + C$$

이 식 중의 R은 기체 상수로서 1.99 cal/mole°K 이고 T는 절대온도, ΔH_v는 증발열이다. 그러므로 여러 실험 온도에서의 증기압을 측정하여, 이 값의 대수치를 $1/T$에 대해서 그래프로 그리면 직선을 얻게 된다. 그리고, 이 직선의 기울기는 $-\frac{\Delta H_v}{2.3R}$와 같으므로 그래프에서 기울기를 구하면 이 액체의 증발열을 구할 수 있다. 이 실험에서는 휘발성이 큰 유기 용매를 택하여 증기압을 측정하며 이 값으로부터 액체의 증발열을 구하여 본다.

기 구

비이커, 흡인 플라스크, U자관, 진공 고무관, 드롭퍼, 클램프, 스탠드 및 링, 석면 그물망, 분젠 버어너, 온도계

시 약

수은, 액체 시료

유의 사항

장치 중의 마개나 연결한 곳이 조금이라도 새면 실험의 성과를 거둘 수 없다.

실험법 및 결과 보고

(1) 증기압의 측정

① 그림-83과 같이 250 ml의 흡인 플라스크 및 1000 ml 비이커, 드롭퍼가 달린 마개 및 진공 고무관을 써서 장치를 꾸며라. U 자관에 수은을 넣고 수은의 표면은 물로 약간 덮어 주는

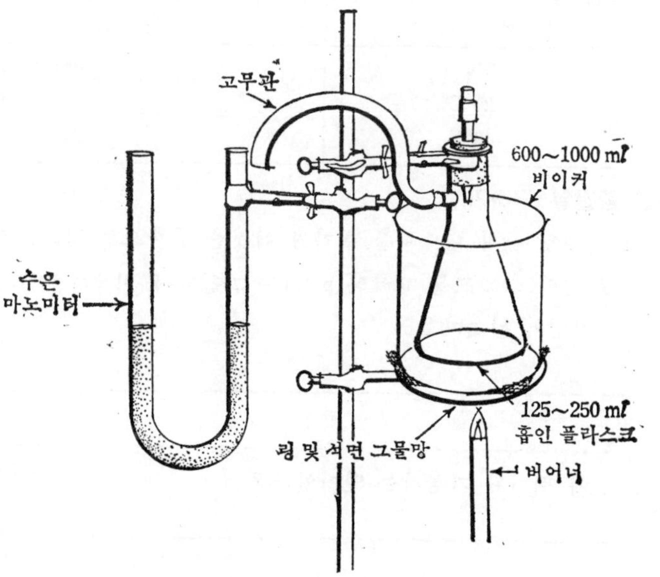

그림-83. 증기압의 측정 장치

것이 좋다.

② 고무관을 U 자관에 연결하지 말고 비이커에 플라스크의 목까지 차도록 물을 넣고, 얼음 조각을 띄워 온도를 0°C로 냉각시켜라. 병과 병 내부의 온도가 평형이 될 때까지 약 15분동안 기다린 다음 고무관 끝을 U 자관에 연결하여 주어라. 수은주의 높이가 달라지는가?

____

____

③ 액체 시료를 작은 비이커에 소량 덜어 내고, 병마개를 빼내어 드롭퍼에 약 2 ml 정도의 액체 시료를 빨아 올린 다음 재빨리 마개를 다시 꼭 막아 준다. 잠시 기다렸다가 드롭퍼의 고무 꼭지를 눌러 액체를 플라스크로 몰아 낸다. 잠시 기다리면서 수은주의 높이가 달라지는 것을 자세히 살펴 더 이상 높이가 올라가지 않을 때 그 높이 차이를 측정하여라. 만일 수은의 높이가 조금도 달라지지 않으면 장치를 재점검하여라.

수은주 높이 차 : ______________________________ cm

이 높이 차이와 U 자관의 내경을 재어 이 액체의 0°C에서의 증기압을 계산하여라.

____

____

④ 같은 요령의 실험을 20° C 및 40° C에서 시행하여 각 온도에서의 증기압을 구하여라. 플라스크를 다시 쓸 때에는 병 안과 드롭퍼 중에 남아 있는 액체를 아세톤으로 씻어 내고 공기를 불어 넣어 완전히 말린 다음 쓸 것이며, 온도는 비이커의 물을 가온하여 조절해 준다.

물의 온도	수은주 높이 차이	증기압
0°C	________ mm	________ mHg
20°C	________ mm	________ mHg
40°C	________ mm	________ mHg

(2) 증발열 구하기

① 증기압 값의 대수치를 취하여 이것을 종축으로 잡고, 절대 온도의 역수치를 횡축으로 잡아 그래프를 그려라(p. 111의 그래프지를 이용하여라).

직선이 되는가?

____

____

이 직선의 기울기는 얼마인가?

____

____

② 이 기울기 값으로부터 앞에 소개된 이론식에 따라 증발열을 계산하여라.

지도 교수에게 배당된 시료가 무엇인가를 물어서, 화학 편람에 실려 있는 이 물질의 증기압과 증발열 값을 찾아 실험치와 비교하여 실험 오차를 구하여라.

	증기압(20°C)	증 기 압	실 험 오 차
화학 편람의 값			
실 측 차			

실험-28	실험대 번 호	학과 년 번	실 험 일 자	제 출 일 자	검인
		이름	년 월 일	년 월 일	

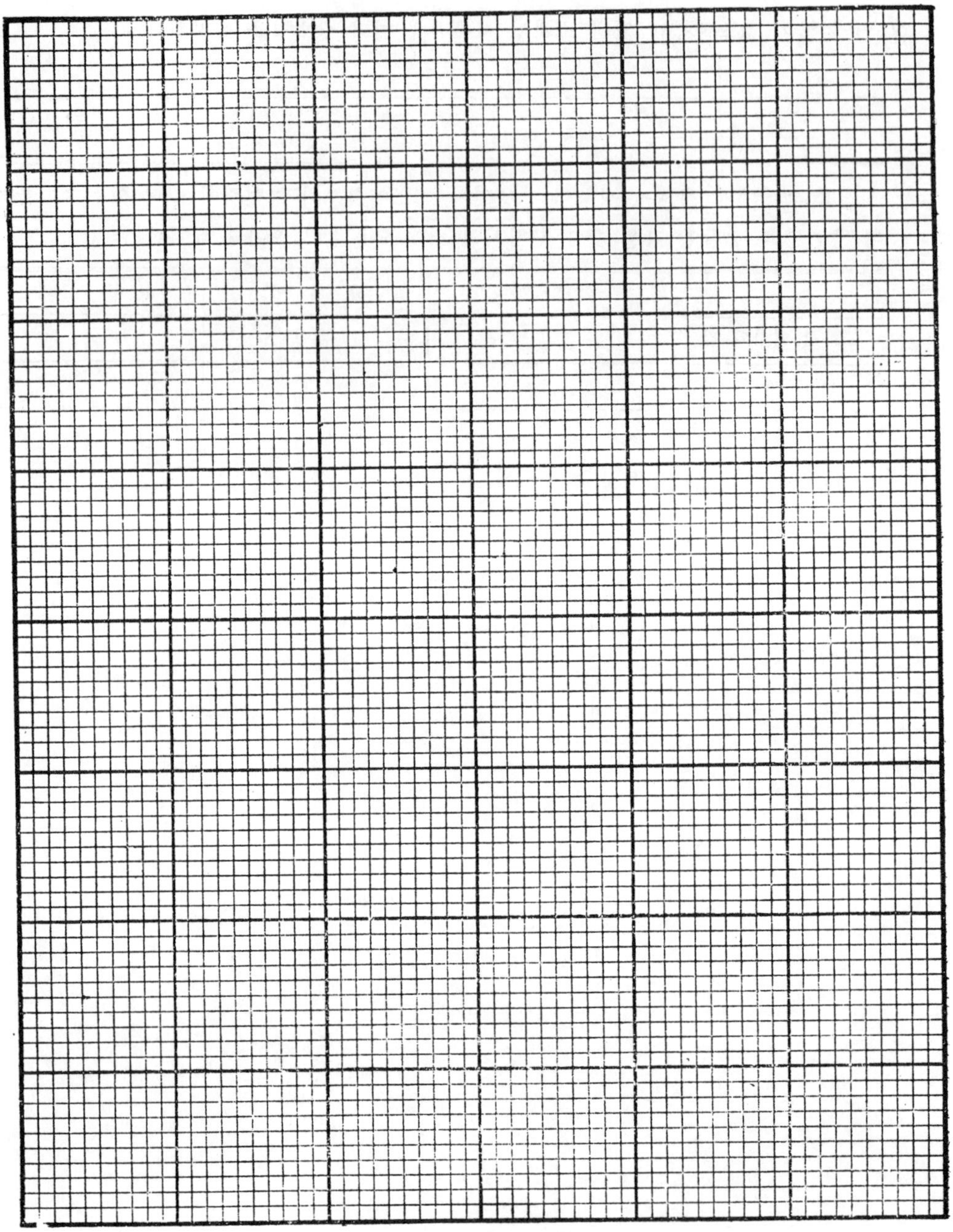

그림-84. 그래프 용지

실험-29. 황 산

실험 목적

유산은 화학 공업 약품 중 가장 다량으로 사용되는 기본적 공업 약품으로, 비료, 염료, 화약, 그 밖의 약품 제조에 다량으로 사용되며, 황산의 공업적 제법은 SO_2의 산화 반응을 촉진시키는 촉매의 종류에 따라 접촉법과 연실법으로 나눈다. 황은 자연계에 유리 상태로 많이 존재하므로 공업적으로 중요한 황산의 제조 원료가 된다. 황의 화합물에서의 산화 상태는 −2, 0, +2, +4, +6의 5종이 있게 되며, 그 중의 황산의 산화 상태는 +6이다. 황산은 비중이 큰 비휘발성인 무기산이며, 탈수 작용이 강하고, 물에 녹을 때에는 많은 열을 낸다. 희석된 황산은 탈수 작용은 물론 산화 작용도 없고, 단지 강한 산으로 작용할 뿐이며, 금속과 작용하여 황산염을 만든다. 여기서는 $FeSO_4$의 분해로서 황산을 만들어, 황산의 성질로서 물리적 성질 및 화학적 성질(탈수 작용, 산화 작용, 산성)을 나누어 알아본다.

기 구

시험관, 접시저울, 유리 막대기, 메스 실린더, 알코올 램프, 온도계

시 약

$FeSO_4 \cdot 7H_2O$, NaCl, conc H_2SO_4, Cu 조각, KBr, $C_{12}H_{22}O_{11}$, 나무조각, $(NH_4)_2SO_4$, $ZnSO_4$, $Al_2(SO_4)_3$, $BaCl_2$, HCl, Na_2CO_3, Na_2HPO_4, $Al(OH)_3$, CaF_2, Fe, Na_2SO_3, Ag, Na_2CO_3, MgO, $NaNO_3$, 리트머스 시험지

실험법 및 결과 보고

(1) 황산의 제법

그림 84-2와 같은 장치를 꾸미고, $FeSO_4 \cdot 7H_2O$ 결정 1g을 시험관 내에 넣고 수평으로 한 다음, 주둥이를 약간 내리고 가열한다. 시험관 주둥이 밑에 다른 시험관의 주둥이를 대어 놓는다. 가열하는 시험관의 벽에 처음에는 물이 서리나, 기체가 발생하기 시작하면 그 일부가 물에 녹아서 다른 시험관에 몇 방울 달라붙는다. 여기에 푸른 리트머스 시험지로 검사하여라.

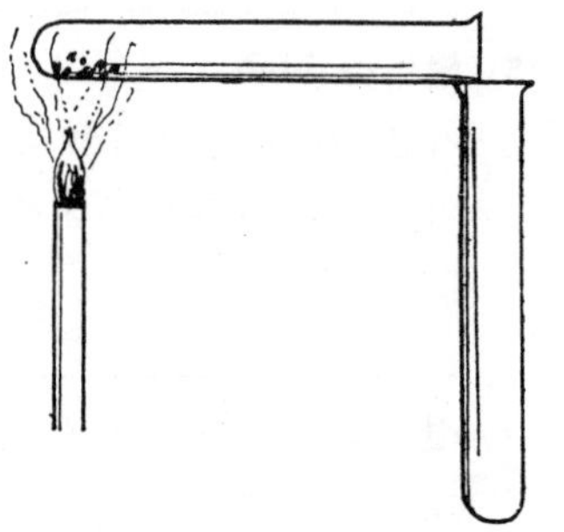

그림 84-2.

(2) 산의 성질

산을 묽은 용액으로 만들 때에는 발열 반응이 생긴다. 상승된 열은 분자의 수소화에 의하거나 이온이 더 생기거나, 이온의 수소화에 기인된다. 수화물로서는 $H_2SO_4 \cdot H_2O$, $H_2SO_4 \cdot 2H_2O$, $H_2SO_4 \cdot 4H_2O$가 있다. $H_2SO_4 + H_2O \rightleftharpoons H_3O^+ + HSO_4^-$는 이온이 형성되는 1단계 반응을 나타낸 것이다. 황산의 성질은 물로 수소 이온에 의하여 금속과의 반응 이

외에는 황산은 금속의 수산화물, 산화물과도 반응하여 아황산염이나 탄산염하고도 반응한다.

〈희석에 의한 온도와 부피의 변화〉

뷰렛으로 물 30 ml를 정확하게, 50 ml 메스 실린더에 넣고, 딴 뷰렛으로 정확하게 황산 10 ml를 조심하여 가하여라. 이 때의 온도를 온도계로 재서 기록하되, 용액을 식히고 난 다음 그 부피를 정확하게 재서 기록하여라.

(3) 끓는점

98 %의 황산 용액의 끓는점은 330°C이며, 이는 산으로서는 예외적으로 높다. 다른 산의 제법에도 이용된다.

시험관 속에서 소량의 염화나트륨에 진한 황산을 몇 방울 가하여 보아라. 화학 반응으로서 어떤 것이 일어나는가? ①

생성된 염이 $NaHSO_4$라 가정할 때의 반응식을 써라.

이 때 염산이 황산보다 훨씬 더 휘발성이 있는 점을 유의하라.

(4) 산화시키는 성질

뜨거운 진한 황산은 산화제로서 작용한다. 이런 반응에 있어서 유황의 산화수는 6에서 4로 감소되며, 때로는 −2까지도 감소된다.

구리와 진한 황산과 반응시키면 다음의 반응식과 같다.

$$Cu + 2H_2SO_4 \longrightarrow CuSO_4 + SO_2 + 2H_2O$$

시험관에 브롬화칼륨의 결정을 넣은 후에 진한 황산을 몇 방울을 가해 보고, 색깔이 어떻게 나타나는지 주의하면서 보라. 이 제품은 무엇인가? ②

---

(5) 탈수소 작용

시험관에 설탕 1티이 스푸운을 넣은 후 진한 황산을 떨어뜨린다. 몇 분 후에 일어나는지, 그 변화를 기록하라. ③

설탕을 구성하는 원소 중에서 어떤 원소가 따로 떨어지는가?

다른 2개의 원소에는 어떤 현상이 일어나는가? ④

나무는 주로 셀룰로오스로 구성되어 있다. 시험관에 나무를 잘게 썰어 넣은 후에 진한 황산 2 ml를 가한 후의 결과를 써라. ⑤

탈수소란 술어는 무엇을 의미하는가? ⑥

---

(6) **sulfate ion의 성질**

3개의 시험관에 각각 $(NH_4)_2SO_4$, $ZnSO_4$, $Al_2(SO_4)_3$ 용액을 2 ml씩 넣는다. 이런 물질 등은 황산과 어떠한 관계가 있는가? ⑦

이들 시험관에 물 10 ml를 가하여 묽게 한 후 염화바륨 용액 몇 방울을 가하라. 이 4개의 시험관에서 비슷한 결과가 나오는지를 볼 수 있는가? ⑧

염화바륨을 가하기 전에 4개의 용액의 공통점은 무엇인가? 반응식을 써라. ⑨~⑫

침전은 무엇인가? ⑬

각개의 시험관에 묽은 염산을 1~2 ml 가하여라. 침전이 용해되는가? ⑭

Na_2CO_3와 Na_2HPO_4 용액 2 ml를 가하고, 물 10 ml를 가하여 묽게 한 후 염화바륨 용액을 각각 가하여라. 이 작용은 sulfate에서 관찰되는 것과 같은가? ⑮

황산바륨에서 생기는 침전은 어느 점에서 다른가? ⑯

주어진 용액에서 sulfate ion이 있나 없나를 증명할 수 있는 방법을 자세히 써라. ⑰

---

(7) 반 응

다음 반응식을 완결하고, 각개의 반응에서 황산의 성질을 말하여라.

$Al(OH)_3 + H_2SO_4 \longrightarrow$

$CaF_2 + \text{conct } H_2SO_4 \longrightarrow$

$Fe + H_2SO_4 \longrightarrow$

$Na_2SO_3 + H_2SO_4 \longrightarrow$

$KBr + \text{conct } H_2SO_4 \longrightarrow SO_2 + KHSO_4$

$C_{12}H_{22}O_{11} + H_2SO_4 \longrightarrow H_2O$

$Ag + \text{conct } H_2SO_4 \longrightarrow$

$Na_2CO_3 + H_2SO_4 \longrightarrow$

$MgO + H_2SO_4 \longrightarrow$

$NaNO_3 + \text{conct } H_2SO_4 \longrightarrow$

실험-29	실험대 번호	학과 년 번		실험일자	제출일자	검인
		이름		년 월 일	년 월 일	

실험-30. 얼음의 융해열 측정

실험 목적

고체가 액체로 녹을 때는 일반적으로 열을 흡수한다. 이 때 흡수되는 열량은 물질에 따라 다르다. 가장 간단한 경우인 얼음이 녹을 때의 융해열 값을 근사적으로 측정하여 본다.

기 구

비이커, 폴리스틸렌 컵, 교반봉(철사로 만든 것), 온도계, 방열재 마개

시 약

얼음, 증류수

유의 사항

(1) 간이 칼로리미터에서의 열량 손실이 적을수록 좋은 결과를 얻을 수 있는 만큼 방열재를 써서 더 좋은 칼로리미터를 고안하여 내도록 힘써야 한다.

(2) 온도를 가능한한 정확하게 측정하여야 한다. 적어도 0.1°C까지는 정확하게 측정하여야 한다.

실험법 및 결과 보고

(1) 폴리스틸렌 컵과 비이커를 이용하여 그림-85와 같은 간이 칼로리미터를 만들어라. 컵의 마개로 방열재를 쓰는 것이 좋으나 없을 때는 코르크 마개를 써도 무방하다.

(2) 60 ml의 증류수를 메스실린더에 취하고 그 온도를 정확하게 측정하여라.

증류수의 온도 ....°C

(3) 얼음 조각 30 g을 재빨리 달아 간이 칼로리미터의 가장 작은 컵에 옮기고 앞에서 취한 증류수 60 ml를 붓고 마개를 잘 막아라. 교반봉으로 잘 저어가면서 마지막 얼음 조각이

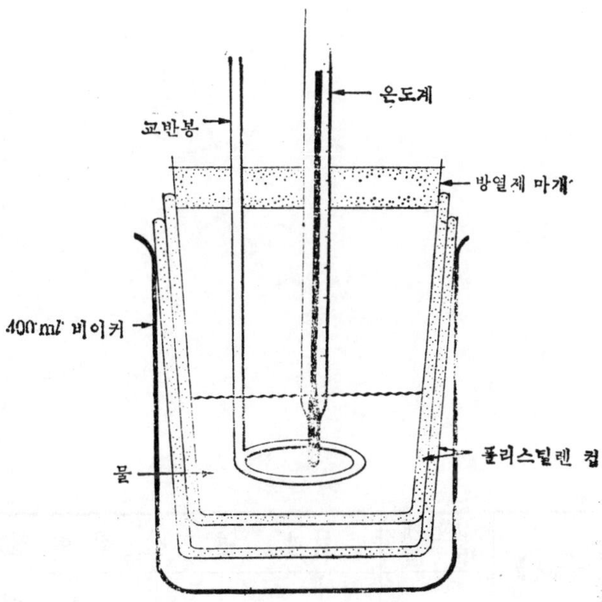

그림-85. 간이 칼로리미터

다 녹을 때의 온도를 정확히 읽어라.

얼름 물의 최고 온도 ________________ °C

(4) 앞에서 달은 무게와 측정한 온도를 써서 얼음의 융해열(cal/g)을 구하여라.

얼음의 무게	________ g
물의 무게	________ g
물의 온도	________ °C
열평형 후의 온도	________ °C
강하된 물의 온도	________ °C
60 g의 물이 잃은 열량	________ cal
녹은 얼음 물이 얻은 열량	________ cal
30 g의 얼음이 녹는 데 쓰인 열량	________ cal

얼음의 융해열

____

____

실험-30	실험대 번호	학과 년 번	실험일자	제출일자	검인
		이름	년 월 일	년 월 일	

8장 용 액

실험-31. 용액의 성질

실험 목적

용질이 용매에 녹아 용액을 이룰 때, 용매도 용질 분자 상호 간의 작용으로 인하여 여러 가지 현상이 나타난다. 몇 가지 중요한 점을 지적하면, 용질이 녹으면서 열을 발생 또는 흡수하거나, 비등점이 순수한 용매보다 높아지고 빙점은 낮아지며, 삼투 현상이 일어난다. 이 실험에서 이러한 몇 가지 용액의 성질을 기본적인 실험 예를 들어 정성적으로 살펴본다.

기 구

삼각 플라스크, 비이커, 시험관, 온도계 (110°C), 교반봉

시 약

NaOH, NH_4Cl, $C_{12}H_{22}O_{11}$, (설탕), $NiCl_2$, $CoCl_2$, 물유리 (Na_2SiO_3), 거친 소금, 얼음

실험법 및 결과 보고

(1) 용해열

① 100 m*l* 삼각 플라스크에 증류수 25 m*l* 를 넣고 그 온도를 재어라.

증류수의 온도 : ________________ ℃

여기에 NaOH 를 조금 넣고 흔들어 녹인 다음 곧 그 온도를 측정하여라.

증류수+NaOH 의 온도 : ________________ ℃

② 삼각 플라스크를 비우고 깨끗이 씻어 낸 다음 다시 증류수 25 m*l* 를 넣고, NH_4Cl 을 소량 넣고 흔든 다음 곧 그 온도를 측정하여라.

증류수 + H_4Cl 의 온도 : ________________ ℃

③ 온도가 왜 달라지는가 ?

____

____

④ 진한 황산에 물을 가하면 대단히 위험하다고 한다. 이를 용해열과 결부시켜 설명하여라.

____

____

____

(2) 비등점 상승

① 시험관에 증류수를 1/4 가량 취하고 이것을 시험관 집게로 잡고 불꽃에 대어 서서히 가열하여라. 끓기 시작하거든 온도계를 넣어 그 비등점을 근사적으로 측정하여라. 이 때 온도계가 시험관의 벽에 닿지 않도록 조심하여라.

비등점 : ____________________ C°

② 50 % C_2H_5OH 및 50 % $C_{12}H_{22}O_{11}$(설탕) 수용액을 가지고 실험 (2)-①과 같은 요령의 실험을 하여 그 비등점을 측정하여 보아라.

③ 각각 몇 °C 씩이나 상승되었는가? 또한 이론치를 계산하고, 실험치와 비교하여 실험 오차를 구하여 보아라.

____

시 료	ΔT_b(실측)	ΔT_b(이론)	오 차
50 % C_2H_5OH	________ °C	________ °C	________ %
50 % $C_{12}H_{22}O_{11}$	________ °C	________ °C	________ %

(3) 빙점 강하

① 250 ml 비이커에 물을 1/3 가량 채우고 나머지는 얼음 조각으로 채워라. 여기에 50 % 설탕물 30 ml 를 넣은 시험관을 시험관 집게로 집어 담그고 온도계 (100°C)로 저어 주면서 잠시 기다려 보아라. 이 용액이 어는가?

____

② 얼음에 거친 소금을 약간 뿌려 섞어 준 다음 온도계를 잘 보면서 천천히 용액을 저어 주어라. 온도가 0°C 이하로 내려가기 시작하는가?

____

이 용액은 몇 °C에서 어는가?

____

이 어는 점은 이론치와 일치하는가?

____

③ 다음에 계속하여 50 % 에타놀 수용액 30 ml 를 시험관에 취하여 실험 (3)-②에서와 같은 요령의 실험을 하여 보아라. 설탕물이 어는 온도에서 이 수용액도 어는가?

____

소금을 더 많이 뿌려 섞어 주어라. 그리하여 온도를 내릴 수 있는 데까지 내리면서 이 용액의 어는 점을 측정하여 보아라.

____

____

④ 모두 동일한 50 % 수용액인데 어째서 이렇게 차이가 심하게 나타나는가?

(4) 삼투 현상

① 두 개의 50 ml 비이커에 각각 20 ml 씩의 물유리 (Na_2SiO_3)를 넣고 그 표면에 $NiCl_2$와 $CoCl_2$의 작은 결정을 각각 하나씩 집어 넣어라. 어떤 현상이 일어나는가?

왜 이러한 현상이 일어나는가?

이 때 반투막의 역할을 하는 것은 무엇인가?

② 생체에 진한 포도당 수용액을 주사하면 어떤 현상이 발생하겠는가?

<table>
<tr><td rowspan="2">실험-31</td><td>실험대 번호</td><td colspan="2">학과 년 번</td><td>실험일자</td><td>제출일자</td><td>검인</td></tr>
<tr><td></td><td>이름</td><td></td><td>년 월 일</td><td>년 월 일</td><td></td></tr>
</table>

실험-32. 표준 용액

실험 목적

농도를 알지 못하고 있는 산의 농도를 알아 내려면 정확한 농도를 알고 있는 염기 수용액이 있어야 한다. 반대로 염기 수용액의 농도를 밝히고자 할 때는 산의 정확한 농도를 먼저 정하여야 하는데, 그 농도가 정확히 결정된 수용액을 표준 용액이라 말한다. 이 실험에서는 NaOH 표준 용액을 만들어 본다.

기 구

메스실린더, 피펫, 시약병, 고무 마개, 증발접시, 스탠드 및 링, 삼각그물

시 약

NaOH, *d*-HCl

유의 사항

진한 NaOH 수용액은 유리를 부식시킨다. 특히 갈아 맞춘 곳은 더욱 심하게 부식된다. 그러므로, 갈아 맞춘 시약병 마개에 NaOH 수용액이 묻지 않도록 해야 한다. NaOH 수용액의 시약병은 고무 마개로 막아야 한다.

실험법 및 결과 보고

(1) 1N NaOH 표준 용액의 조제

① 10 % NaOH 수용액 65 m*l* 를 메스실린더로 취하여 250 m*l* 시약병에 옮기고 여기 증류수 85 m*l* 를 취하여 메스실린더를 씻어 넣어 150 m*l* 의 묽은 용액을 만들어라. 이 용액은 1 N 보다 약간 진한 용액이다.

② 증발 접시를 깨끗이 씻어 말리고, 이것을 분젠 버어너로 가열하였다가 실온으로 식혀, 그 무게를 0.001 g 까지 정확하게 달아라.

증발접시 무게 : .... g

③ 이 증발접시에 ①에서 묽게 만든 NaOH 수용액 10 m*l* 를 피펫으로 정확히 취하여 옮긴다. 이것을 삼각 그물 위에 옮기고, 여기에 묽은 염산 5 m*l* 를 가하여 준다.

④ 버어너로 서서히 가온하여 물과 여분의 염산을 증발시킨다. 이 때 내용물이 튀어나오지 않도록 조심하여라. 만일 내용물이 유실되면 그만큼 오차가 더 커진다. 물기가 다 날라가거든 세게 5분동안 가열하여 주고 실온으로 식혀 그 무게를 앞에서와 같은 요령으로 정확히 재어라.

도가니+염의 무게 : .... g

⑤ 수산화나트륨과 염산이 중화되는 변화를 화학 방정식으로 나타내어라.

....

이 방정식의 내용에 근거하여 실험 ③, ④의 결과로부터 ①에서 묽게 만든 NaOH 수용액의 정확한 노르말 농도를 계산하여라.

시약병에 이 농도를 써 붙여 고무 마개로 단단히 막아 보관하여 두었다가 다음 실험에 쓰도록 한다.

(2) 염산의 표준 용액

① 염산은 진할 때에는 HCl이 쉽게 휘발하고, 묽을 때에는 물이 쉽게 증발되는 특성이 있어서, 어떤 특정한 조성이 이루어지면 그 조성이 변하지 않고 비등점이 일정하여지는 특징을 가지고 있다. 그림의 두 눈금자는 0.1 N 염산 1 l를 만드는 데 필요한 비등점이 변하지 않는 염산의 무게와 염산이 비등할 때의 압력을 나타낸 것이다. 예컨대 760.5 mmHg에서 비등하는 일정 조성의 염산 18.02 g을 정확히 달아 증류수로 묽혀 1 l의 수용액을 만들면 그 농도가 정확한 0.1 N이 된다는 것이다.

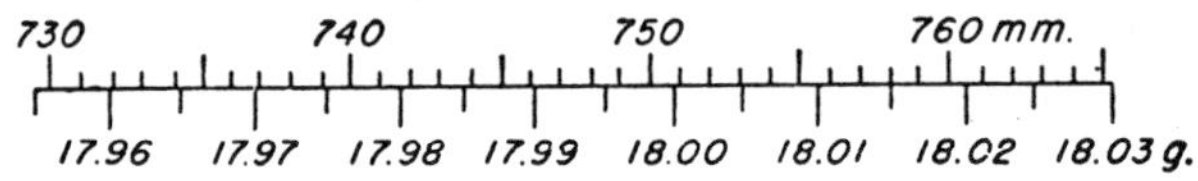

그림-86.

문헌을 조사하여 이 일정 비등의 HCl을 만드는 방법을 고안하여 보아라.

----

② 만일 760.5 mmHg에서 비등하는 일정 비등의 HCl 18.05 g을 달아 1 l 용액을 만들었다면 이 수용액의 정확한 농도는 얼마가 되겠는가?

실험-32	실험대 번호	학과 년 번		실험일자	제출일자	검인
		이름		년 월 일	년 월 일	

실험-33. 산·염기 적정

실험 목적

일정량의 염기가 완전히 중화되려면 이와 꼭 같은 당량의 산이 필요하다. 농도가 N노르말인 염기 수용액 V ml를 완전히 중화시키는 데 농도가 N′노르말인 산의 수용액 V′ml가 소비되었다면 염기의 당량수와 산의 당량수가 같아야 하므로 다음과 같은 관계가 성립한다.

$$\frac{N \times V}{1000} = \frac{N' \times V'}{1000}$$

실험적으로 지시약을 사용하여 산 또는 염기 수용액이 변색되는 점을 찾으면 이 때가 바로 같은 당량이 완전히 중화된 적정의 종말점 즉 당량점이다. 이 실험에서는 농도를 알지 못하는 어떤 산의 농도를 산·염기 적정으로 결정하여 본다.

기 구

뷰렛, 피펫, 삼각 플라스크, 시약병, 메스실린더, 스탠드, 뷰렛잡이, 세척병

시 약

표준 염기 용액(1N), $c\text{-}H_2SO_4$

유의 사항

뷰렛에 NaOH 용액을 넣으면 갈아 맞춘 콕에 스며 들어 이를 부식시켜 상하게 하므로 반드시 산을 뷰렛에 넣고 염기를 용기에 취하도록 한다.

실험법 및 결과 보고

(1) 적 정

① 농도를 모르는 산(시판되는 진한 황산을 30배로 희석한 것) 5 ml를 깨끗이 닦은 뷰렛에 넣고 고무 마개로 위 아가리를 막고 아래 위로 흔들어 씻어 낸다. 3회 정도 이렇게 씻어 내고 이 산을 뷰렛 눈금의 0 위치보다 조금 더 넣어 뷰렛잡이에 고정시킨다.

② 100 ml 삼각 플라스크에 1N 표준 용액(실험-29에서 만든 것) 25 ml를 피펫으로 정확히 취하여 옮겨라. 세척 병에 담긴 증류수로 용기의 벽을 씻어 넣고, 페놀프탈레인 2방울을 떨어뜨려라. 무슨 색깔을 띄우는가?

---

③ 뷰렛 아래에 작은 비이커를 놓고 눈금이 0점으로 정확히 맞추어 질 때까지 여분의 산을 빼내고 콕을 다시 잠가라. 이 때 메니스커스를 정확히 읽어야 한다.

④ 삼각 플라스크를 뷰렛 아래로 옮겨 산을 소량씩 적가하여 주어라. 처음에는 산을 약간 많이 가하여 주어도 곧 중화되어 붉은색이 즉시 다시 나타나지만 당량점의 부근

에 이르렀을 때에는 한 방울씩 조심하여 가하여 준다. 산의 마지막 한 방울이 염기 용액의 핑크색을 소실시켜 줄 때 뷰렛의 콕을 잠그고 뷰렛의 눈금을 읽어 소비된 산의 부피를 0.1 ml 까지 정확히 읽는다.

염기의 정확한 농도 : ________________ N

표준 용액 25 ml를 완전히 중화시키는 데 소비된 산의 ml 수 : ________________ ml

(2) 농도 계산

① 앞에서 실험적으로 구한 산의 ml 수와 염기의 농도로부터 이 산의 정확한 농도를 계산하여라.

② 깨끗이 닦아 물기를 완전히 말린 50 ml 삼각 플라스크의 무게를 정확하게 달은 다음에 여기에 앞에서 농도를 결정한 황산 25 ml를 피펫으로 정확하게 취하여 옮겨 그 무게를 0.01 g 까지 정확하게 재어라.

산 25 ml의 무게 : ________________ g

이 값을 이용하여 이 황산의 % 농도를 구하라.

③ 이 황산의 비중은 얼마인가?

④ 이 황산의 모랄 농도는 얼마인가?

실험-33	실험대 번호	학과 년 번		실험일자	제출일자	검인
		이름		년 월 일	년 월 일	

실험-34. 빙점 강하도에 의한 분자량 측정

실험 목적

일정량의 용매에 각각 같은 무게의 용질을 녹여 주었을 때 그 빙점 강하도는 분자량이 작으면 크고, 분자량이 크면 작아진다. 즉, 빙점 강하도는 분자량과 함수 관계가 있다. 그러므로 일정량의 용매에 분자량을 알지 못하는 비휘발성 용질 일정량을 녹여 준 용액을 만들어 그 빙점 강하도를 측정하면 이 값으로부터 용질의 분자량을 계산하여 낼 수 있다. 이 실험에서 이러한 간단한 경우를 실험적으로 익혀 본다.

기 구

비이커, 온도계, 시험관(8인치), 클램프, 스탠드, 교반봉

시 약

벤젠, 미지 시료, 얼음

실험법 및 결과 보고

(1) 빙점 강하도 측정

① 8인치 시험관을 구하고 여기에 맞는 마개에 구멍을 2개 뚫어 그 하나에는 온도계를 꽂고 다른 하나에는 니크롬선으로 만든 교반봉을 꽂는다. 교반봉의 한 끝을 고리 모양으로 둥글게 구부려 아래위로 움직이면 내용물이 저어지도록 만들어 쓴다. 온도계 교반봉 및 마개를 포함한 시험관의 무게를 0.01 g 까지 정확하게 달아라.

시험관의 무게 : .... g

② 마개를 빼고 약 20 ml 의 벤젠을 시험관 벽에 묻지 않도록 시험관에 넣고 마개를 막은 다음 ①에서와 같은 요령으로 다시 달아라. 이 값으로부터 벤젠의 무게를 구하여라.

시험관+벤젠의 무게 : .... g

벤젠의 무게 : .... g

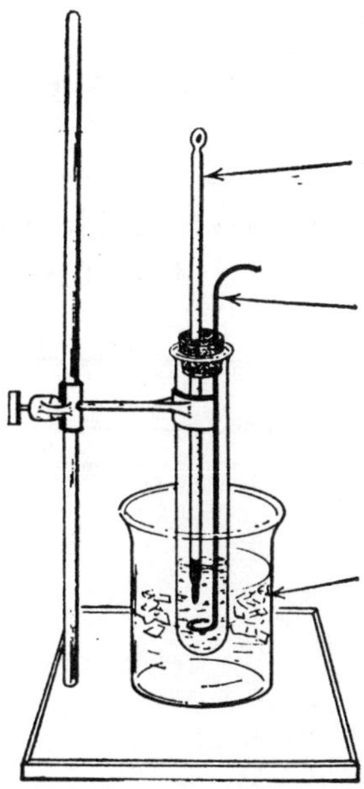

그림-87. 빙점 측정 장치

③ 이것을 그림-87과 같이 600 ml 의 비이커에 잠기도록 장치하고, 비이커에는 물을 절반 정도 채우고, 그 위에 얼음 조각을 띄워 시험관을 가능한한 윗부분까지 덮어 준다. 온도계의 눈금을 잘 살피면서 교반봉을 아래위로 움직여 벤젠을 잘 저어 준다. 벤젠이 얼기 시작하는 온도와 완전히 응고되었을 때의 온도를 기록하여라.

얼기 시작하는 온도 ; .... °C

완전히 응고했을 때의 온도 : ________________ °C

④ 벤젠이 완전히 응고하거든 시험관을 얼음 물에서 꺼내어 다시 녹기 시작하는 점과 완전히 다 녹았을 때의 온도를 기록하여라.

녹기 시작하는 온도 : ________________ °C

완전히 녹았을 때의 온도 : ________________ °C

⑤ 실험 ③, ④에서 추정한 온도를 평균한 값을 벤젠의 어는 점으로 간주한다.

벤젠의 어는 점 ________________ °C

⑥ 다시 녹은 벤젠에 미지 시료 2g 정도를 시험관 벽에 묻지 않도록 넣어 녹이고 시험관 벽의 물기를 완전히 말린 다음 이 무게를 앞에서와 같은 요령으로 달아라.

시료의 무게 : ________________ g

⑦ 이것을 다시 비이커에 담그고, 그 어는점을 앞에서와 같이 면밀하게 측정하여라.

얼기 시작하는 온도	________ °C
완전히 얼었을 때의 온도	________ °C
다시 얼기 시작하는 온도	________ °C
완전히 다시 녹았을 때의 온도	________ °C

평균치 : ________________ °C

(2) 분자량의 계산

① 용매의 무게와 용질의 무게로부터 이 벤젠 용액의 모랄 농도를 구하여라.

____

② 빙점 강하도 ΔT_f 를 구하는 일반식

$\Delta T_f = K_f \cdot m$ $(K_f = 5.12)$에 대입하여 분자량을 계산하여라.

____

____

실험-34	실험대 번호	학과 년 번		실험일자	제출일자	검인
		이름		년 월 일	년 월 일	

9장 화학 반응 속도 및 화학 평형

실험-35. 화학 반응 속도

실험 목적

화학 반응의 속도는 농도, 온도, 반응 물질의 표면적, 촉매 등 여러 가지 요인의 지배를 받는다. 이 실험에서는 위에 든 각각 인자와 관계 있는 간단한 실험을 통하여 반응속도를 정량적으로 다루어 본다.

기 구

플라스크, 비이커, 시험관, 피펫, 메스실린더, 온도계, 삼각 플라스크, 시약넣는 관, 기체 포집관, 물통, 유리곡관, 고무관, 고무 마개, 교반봉, 흰종이

시 약

0.05M KIO_3, 0.01M Na_2SO_3-녹말 용액, 3M H_2SO_4, 0.05M $Na_2S_2O_3$, H_2O_2, MnO_2, 아연 조각, 아연 분말, 베네딕트 용액

유의 사항

KIO_3 용액과 아황산 녹말 용액은 사용 직전에 만들어 써야 한다. 아황산 녹말 용액은 다음과 같이 조제한다. 녹말 5g을 100ml의 끓는 물에 풀어 잠시 더 끓여 준 다음 실온으로 냉각시키고, 여기에 1.3g의 Na_2SO_3를 녹인다. 그리고 3M H_2SO_4 13ml를 가하여 주고, 전체의 부피가 1l가 되도록 희석하여 준다.

실험법 및 결과 보고

(1) 농도의 영향

① KIO_3 용액 10ml를 피펫으로 정확히 취하여 80ml의 증류수가 담긴 250ml 비이커에 옮겨라. 한편 다른 10ml 피펫으로 아황산 녹말 용액 10ml를 정확하게 취하여 시계를 준비하고, KIO_3 용액이 담긴 비이커에 빨리 가하여 주어라. 푸른색이 나타날 때까지 걸리는 시간을 재어라. ....초

이 때 푸른색이 나타나는 까닭은 무엇인가?

....

....

이 때의 변화를 화학 방정식으로 기술하여라.

....

....

② 실험 ①에서와 같은 요령으로 다음 각 경우에 푸른색이 나타날 때까지 걸리는 시간

을 재어라.

실험 No.	KIO_3 용액	물	Na_2SO_3 녹말 용액	걸리는 시간
1	+10ml	+80 ml	10 ml	______초
2	+20	+70	10	______
3	+30	+60	10	______
4	+40	+50	10	______

③ 앞에서 실험한 각 경우 KIO_3와 Na_2SO_3의 농도는 얼마로 희석되었는가?

실험 No.	KIO_3의 농도	Na_2SO_3 녹말 용액
1	______M	______M
2	______	______
3	______	______
4	______	

④ 시간을 가로 축으로 KIO_3의 농도를 세로, 축으로 잡아 농도와 시간 관계를 나타내는 그래프를 그려라(p. 127 그래프 용지를 이용하여라).

⑤ 그래프에 나타난 결과로써 농도가 반응 속도에 미치는 영향을 설명하여라.

____

____

(2) 온도의 영향

① 다섯 개의 시험관에 0.05 M $Na_2S_2O_3$ 용액 10 ml씩을 취하여라. 이 중 한 시험관을 10° C의 물이 들어 있는 시험관에 용액이 잠기도록 담가 온도를 평형시킨다. 또한 10 ml 메스실린더에 0.3 M H_2SO_4 1 ml를 취하여 이것도 함께 비이커의 물에 담가 두어라. 시험관 속의 용액의 온도가 10° C가 되거든 시계를 준비하고 메스실린더에 취한 황산을 온도계로 잘 저어 주면서 시험관에 가하여 주고, 이 용액이 약간 흐려질 때까지 걸리는 시간을 재어라. 같은 요령의 실험을 온도를 10° C씩 높여 주었을 때에 대하여 시행하여 시간을 재어라.

시험관 No.	온 도(°C)	흐려지는 데 걸리는 시간 (초)
1	10°	______
2	20	______
3	30	______
4	40	______
5	50	______

② 앞에서 측정한 결과를 걸리는 시간을 세로 축, 온도를 가로 축으로 잡아 그래프로 그려라

③ 온도를 10°C 상승 시킬 때마다 반응 속도는 얼마나 빨라지는가?

④ 이 결과로 미루어 일반적으로 온도는 반응 속도에 어떤 영향을 끼친다고 생각되는가?

(3) 시료 표면의 영향

① 그림-88과 같은 장치를 꾸며라. 장치 중의 100 ml 삼각 플라스크에 아연 조각 0.5 g을 달아 넣고 마개와 연결 부분을 잘 막아라. 기체 포집관은 물을 채워 거꾸로 세워 기체를 모을 준비를 갖춘 다음에 시약 넣는 관을 통하여 100 ml의 3 M H_2SO_4를 가하고 처음 30 ml의 기체를 모으는 데 걸리는 시간을 재어라.

초

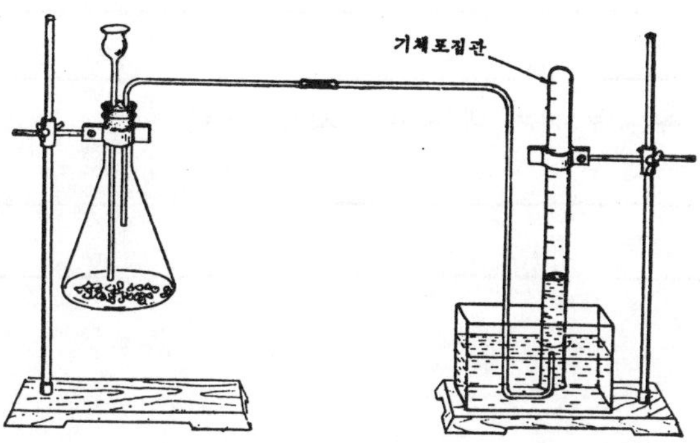

그림-88.

② 실험 (3)-①에서 사용한 플라스크를 비우고 씻은 다음 물기를 말리고 이번에는 아연 분말 0.5 g을 달아 넣고 (3)-①과 같은 요령의 실험을 하여 처음 30 ml의 기체를 모으는 데 걸리는 시간을 재어 보아라. 초

③ 이 결과로부터 시료의 표면적이 반응의 빠르기에 미치는 영향을 정량적으로 설명할 수 있는가?

(4) 촉매의 영향

① 시험관에 3 % H_2O_2 3 ml를 취하고 잘 살펴 보아라. 기포가 발생하는가?

② 여기에 MnO_2를 소량 넣어 주어라. 어떤 변화가 일어나는가?

③ 성냥불을 붙여 불꽃을 끄고 불똥을 이 시험관에 넣어 보아라.

이 때 발생한 기체는 무엇인가?

이 변화를 화학 방정식으로 나타내어라.

---

④ 두꺼운 시험관에 3% 녹말 용액 3 ml 씩을 넣고 3 M H_2SO_4 두 방울씩을 가하여 주어라. 그리고 이 중의 하나에는 침을 한 방울 떨어뜨려 15분동안 방치하여 둔 다음 각각에 베네딕트 용액 3 ml 씩을 넣고 용액을 끓여 주어라. 어느 쪽의 색깔이 짙게 나타나는가?

이 사실로 미루어 침 속에 포함되어 있는 효소가 촉매라고 말할 수 있는가?

---

⑤ 효소 반응의 다른 두 가지 예를 들어 설명하여라.

실험-35	실험대 번호	학과 년 번		실험일자	제출일자	검인
		이름		년 월 일	년 월 일	

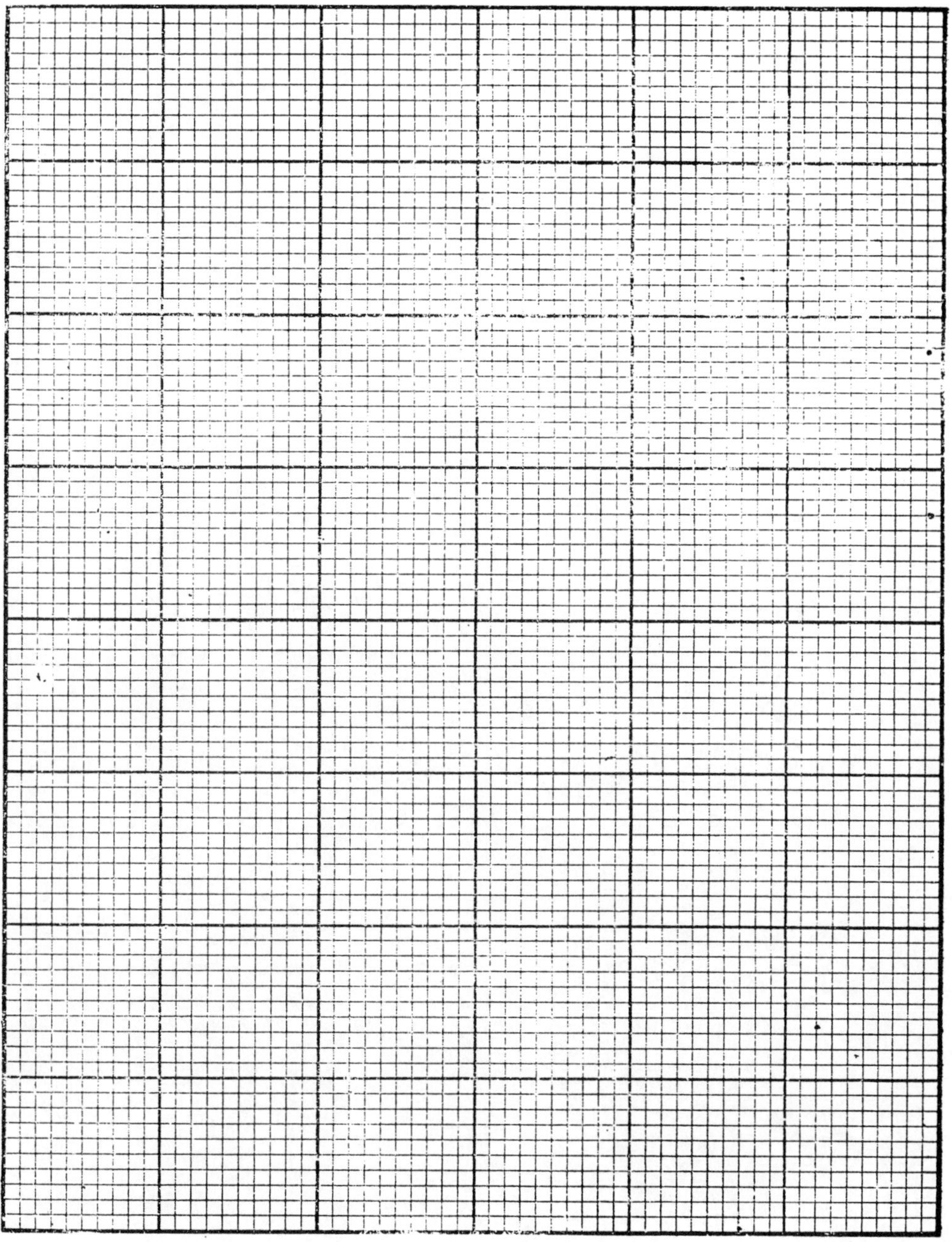

그림 89. 그래프 용지

실험-36. 화학 평형

실험 목적

화학 반응이 진행되어 감에 따라 반응계 물질의 농도는 감소하고, 생성계 물질의 농도는 증가된다. 따라서 생성계 물질이 생겨나는 정반응의 속도는 점점 느려지고, 반대로 생성된 물질이 다시 분해되는 역반응의 속도는 점점 빨라지게 되는데, 마침내는 그 두 속도가 같아져서 생성계 물질과 반응계 물질의 농도는 더 이상 변하지 않으나 반응은 계속 진행되는 상태에 이르게 된다. 이 때 이 반응은 화학 평형에 도달하였다고 말한다. 일반적으로 다음과 같이 기술되는 화학 반응계에서

$$aA+bB \rightleftharpoons cC+dD$$

그 평형 상수는 아래와 같이 정의된다.

$$K=\frac{[C]^c[D]^d}{[A]^a[B]^b}$$

일정한 온도에서 한 반응이 평형 상태에 이르면 각 물질의 농도가 일정하여지므로 평형 상수도 일정한 값을 갖게 된다. 평형계에서 평형 상수값이 일정하게 유지되기 위해서는 평형 상태를 깨쳐 주는 영향력을 미쳐 주면 항상 이로 인하여 받는 영향력을 감소시키는 방향으로 평형은 이동하여 새로운 평형 상태에 도달된다. 이 실험에서는 이러한 평형 상태의 성질을 정성적인 실험을 통하여 알아 본다.

기 구

시험관, 시험관 받침대, 흰종이, 알코올 램프, 드롭퍼

시 약

$Fe(NO_3)_3$, KSCN, K_2CrO_4, *d*-HCl, *d*-NH_4OH, 증류수

실험법 및 결과 보고

(1) ① 0.1M K_2CrO_4 수용액 3 m*l* 씩을 세 개의 시험관에 취하여라. 첫 시험관에는 증류수를, 둘째에는 암모니아수를 한 방울 가하여 보아라. 변화가 있는가?

---

② 세째 시험관에는 노란 색깔이 완전히 달라질 때까지 염산을 한 방울씩 가하여 주어라. 어떤 색으로 변하는가?

---

③ 색깔이 변한 용액을 두 부분으로 나누어 시험관에 넣고 그 하나에는 증류수, 다른 하나에는 암모니아수를 적당히 가하여 주면서 변화를 관찰하여라. 어떻게 달라지는가?

---

④ 이 실험 결과를 종합하여 이 변화를 평형식으로 기술하여라.

---

(2) ① 1 M $Fe(NO_3)_3$ 용액 2 ml 를 250 ml 삼각 플라스크에 넣고, 1 M KSCN 용액 2 ml 를 가하여라. 이 때 나타나는 붉은색이 핑크빛을 띨 때 가지 증류수를 가하여 희석하여라. 너무 희석되었을 때에는 $Fe(NO_3)_3$와 KSCN 용액 한 방울씩을 가하여 색깔을 맞추어 준다. 이 때의 변화를 화학 방정식으로 나타내어라.

---

② 이 용액을 다섯 개의 시험관에 5 ml 씩을 취하여라. 이 중 하나는 표준 용액으로 보관하고 실험하는 다른 시험관의 것과 색깔을 비교하는 데 써라.

③ 이 중 한 시험관을 알코올 램프에 가열하여 끓여 보아라. 색깔이 어떻게 달라지는가?

다시 실온으로 식히면서 그 색깔을 살펴라.

위의 사실로써 이 변화가 발열 과정인지 또는 흡열 과정인지를 가름하여 보아라.

---

④ 표준 용액을 제외한 나머지 네 시험관에 다음에 지시한 시약을 가하여 주고 섞은 다음 그 색깔을 표준 용액과 비교하여라.

시 험 관	시 약	색깔(표준 용액에 비한 정도)
1	증류수 2 ml	----------
2	$Fe(NO)_3$ 용액 1 ml	----------
3	KSCN 용액 1 ml	----------
4	증류수 2 ml+KCl 결정	----------

⑤ 실험 ④의 결과로써 평형 이동의 법칙을 설명하여라.

---

(3) 평형 상수를 실험적으로 구하여 낼 수 있는 방법을 고안하여 보아라(구체적인 반응 예를 들어 생각하여라).

실험-36	실험대 번호	학과 년 번	실 험 일 자	제 출 일 자	검인
		이름	년 월 일	년 월 일	

10장 산, 염기 및 이온 평형

실험-37. 수소 이온 지수(pH)

실험 목적

수용액 중의 $[H^+]$와 $[OH^-]$의 상승적은 반드시 물의 이온적 $K_w=10^{-14}$와 같아진다. 왜냐하면 K_w 값은 물에 녹아 있는 산, 염기 반응계의 평형 상수와 같은 뜻을 가지고 있기 때문이다. 그러므로 수용액 중의 $[H^+]$이 커지면 $[OH^-]$는 작아지고, $[OH^-]$이 커지면 $[H^+]$은 작아진다. 따라서 수용액 중의 $[H^+]$의 크고 작음은 곧 그 수용액이 산성인가 또는 염기성인가를 구별할 수 있게 하여 주는 기준이다. 그런데 $[H^+]$가 작을 때에는 10^{-n}이 되어 불편하므로 그 역대 수치를 취한 것이 pH이다.

$$pH=-\log[H^+]$$

현재는 묽은 산, 염기 수용의 pH를 재는 pH-meter가 고안되어 바로 pH를 재어 낼 수 있으나, 이 실험에서는 지시약의 색깔 변화를 살펴 pH를 판정하여 내는 기초적인 실험법을 통하여 pH의 뜻을 익히고, 이를 이용하여 약산의 전리도를 구하여 본다.

기 구

비이커, 시험관, 시험관 받침대, 피펫, 메스실린더, 고무 마개

시 약

0.1M HCl, 0.1M NaOH, 0.1M NH_4OH, 0.1M CH_3COOH, 1M CH_3COOH, Orange Ⅳ, Methyl orange, Phenolphthalein, Arizarin yellow R

실험법 및 결과 보고

(1) 농도를 아는 용액의 지시약의 색깔

① 0.1M HCl을 5 ml를 50 ml 메스실린더에 취하고 증류수로 50 ml 눈금까지 채워 잘 맞는 고무 마개로 막고 흔들어 섞어 준다. 이렇게 만든 0.01M HCl을 150 ml의 비이커에 옮기고 이 용액 5 ml를 다시 메스실린더에 옮겨 50 ml 눈금까지 증류수로 희석하여 0.001 M HCl을 만든다. 같은 요령으로 0.0001 M HCl 및 0.00001M HCl을 각각 만들어라. 이 희석하여 만든 용액을 각각 5 ml씩 피펫으로 취하여 깨끗한 시험관에 옮기고 그 각각에 Orange Ⅳ 지시약 한 방울씩을 가하여 그 색깔을 조사하고 각각의 농도를 표시하여 마개를 꼭 막아 시험관 받침대에 보관하여라. 같은 실험을 Methyl orange를 써서 해 보아라. 한 용액을 옮긴 피펫을 그대로 다른 농도의 용액을 옮기는 데 써서는 안 된다.

농 도	색 깔 (O.Ⅳ)	색 깔 (M.O)
10^{-1}M HCl	----------	----------
10^{-2}	----------	----------
10^{-3}	----------	----------
10^{-4}	----------	----------
10^{-5}	----------	----------
증류수(5 ml)	----------	----------

② 0.1 M NaOH 용액을 실험 ①에서와 같은 방법으로 희석하여 10^{-2}, 10^{-3}, 10^{-4} 및 10^{-5}M NaOH 용액을 만들어라. 이 용액 5 ml씩을 시험관에 취하고 여기에 각각 페놀프탈레인 한 방울을 가하고 그 색깔을 조사하여라. Arizarin yellow R을 써서 같은 실험을 하여 보아라. 이것도 농도를 표시하여 시험관 받침대에 보관하여라.

NaOH의 농도	색 깔 (Ph. Pt.)	색깔(A.Y.R)
10^{-1}M NaOH	----------	----------
10^{-2}	----------	----------
10^{-3}	----------	----------
10^{-4}	----------	----------
10^{-5}	----------	----------
증류수(5 ml)	----------	----------

이 표준 용액은 버리지 말고 보관하였다가 다음 실험에 이용하도록 한다.

③ 실험 ①, ②의 결과로부터 사용한 지시약의 변색 범위를 근사적으로 결정하여 보아라.

지 시 약	변 색 범 위(pH)	색 깔 변 화(pH)
Orange Ⅳ	----------	-----~-----
Methyl orange	----------	-----~-----
Phenolphthalein	----------	-----~-----
Arizarin yellow R	----------	-----~-----

(2) 미지 용액의 pH

① 두 개의 시험관에 0.1 M CH_3COOH 수용액 5 ml를 각각 취하고 여기에 Orange Ⅳ와 Methyl orange 한 방울씩을 각각 떨어뜨려 그 색깔을 실험 (1)에서 만들어 놓은 표준 색깔과 비교하여 보아서 어느 농도의 색깔에 가장 가까운가를 찾아라. 만일 색깔이 두 농도의 중간 정도이면 시험관에 이보다 진한쪽의 염산 5ml를 취하여 해당하는 지시약 한 방울 가하고 높이를 표시하여라. 이 색깔이 시험하는 초산의 색깔과 같아질 때까지 증류를 소량씩 가하여 희석시켜 준다음 높이를 재어라. 색깔을 비교할 때는 흰종이 위에 두 시험관을 세우고 위에서 내려보면서 희석시키는 것이 편리하다(시험관의 내경이 될 수 있는대로 같은 것을 골라 쓰는 것이 오차가 적다). 이렇게 하여 구한

0.1 M CH_3COOH의 pH는 얼마인가?

---

② 0.1M NH_4OH 수용액 5 m*l*를 시험관에 취하여 Phenolphthalein과 Arizarin yellow R을 써서 (2)-①과 같은 요령으로 0.1 M NH_4OH의 pH를 정하여라.

---

③ 그 밖에 지도 교수가 배당하여 주는 묽은 산 및 염기의 pH를 정하여라.

---

(3) 약전해질의 전리도 결정

① 1 M CH_3COOH의 pH를 실험 (2)-①과 같은 방법으로 정하고, 이 값을 이용하여 이 산의 전리도를 구하여라. pH값에 해당하는 만큼 이온화되었다고 생각한다.

용 액	O. Ⅳ	M. O.	$[H^+]$	$[CH_3COO^-]$	$[CH_3COOH]$	이온화도
1M CH_3COOH						
0.1M CH_3COOH						

② 화학 편람에 실려 있는 이론치와 비교하여 실험 오차를 계산하여라.

	실험치	이론치	오 차
0.1M CH_3COOH			
0.1M CH_3COOH			

(4) 실험 (3)에서 구한 값을 이용하여 초산의 산정수를 구하여라.

실험-37	실험대 번 호	학과 반 번	실 험 일 자	제 출 일 자	검인
		이름	년 월 일	년 월 일	

실험 38. 가수 분해

실험 목적

약산과 강염기가 중화되어 생겨난 염, 예컨대 CH_3COONa 등은 물에 녹으면 물과 다음과 같이 반응하여 분해된다.

$$CH_3COONa + H_2O \rightleftarrows CH_3COOH + NaOH$$

즉, CH_3COO^- 이온이 물보다 강한 염기이므로 물로부터 H^+이온을 빼앗아 CH_3CCOH로 변화된다. 물론 이 반응은 완결 반응이 아니고 초산 이온의 일부만이 이러한 반응을 일으키고 평형에 도달된다. 이 때 생성된 CH_3COOH는 약산이고 NaOH는 강염기이므로 결과적으로 이러한 염의 수용액은 약한 염기성을 띄게 된다.

반대로 약한 염기와 강산이 중화되어 생성된 염, 예컨대 NH_4Cl 등은 물과 반응하여 다음과 같이 분해된다.

$$NH_4Cl + H_2O \rightleftarrows NH_4OH + HCl$$

즉, NH_4^+ 이온이 물보다 강한 산이기 때문에 물 분자로부터 OH^- 이온을 탈취하여 전리되기 어려운 NH_4OH로 변하는 것이다. 이 때 생성된 NH_4OH는 약염기이고, HCl은 강산이므로 이러한 염의 수용액은 앞에서와 같은 이유로 약한 산성을 띄게 된다. 이러한 현상은 모두 염이 물분자에 의하여 분해되는 것과 같은 유형의 반응이므로 가수 분해 반응이라 말한다. 따라서 강산과 강염기로부터 만들어진 염은 가수 분해되지 않는다. 이 실험에서는 몇 가지 염들의 이러한 성질을 조사하여 가수 분해 현상을 실험적으로 확인하여 본다.

기 구

시험관, 시험관 받침대

시 약

$NaHCO_3$, $NaHSO_4$, NH_4Cl, Na_2S, CH_3CCONa, NaCl, $KAl(SO_4)_2$, CH_3COONH_4, Methyl orange, Methyl red, Arizalin yellow R(지시약)

실험법 및 결과 보고

(1) 시험관에 증류수 5 ml씩을 취하고 여기에 시료로 주어진 염의 결정을 조금씩 녹이고 섞이지 않도록 표지를 붙여라. 한 시험관에는 염을 넣지 말고 증류수만을 넣어 비교하는 데 써라. 각 시험관에 준비한 Methyl orange 한 방울씩을 떨어뜨려 시험관의 색깔을 조사하여라. 이와 같은 실험을 주어진 각 지시약에 대해 모두 해 보고 그색깔을 조사하여 다음에 정리하여라. 또한 각 지시약의 변색 범위를 조사하여 액성을 판정하여라.

	M.O.	M.R.	C.R.	A.Y.R.
$NaHCO_3$				
$NaHSO_4$				
NH_4Cl				
Na_2S				
Cu_3COONa				
$KAl(SO_4)_2$				
$NaCl$				
$CH_3COO(NH_4)$				
H_2O				

(2) $AlCl_3$ 수용액 5 m*l* 를 시험관에 취하고 여기에 Methyl orange를 한 방울 떨어뜨려라. 무슨 색깔을 띄우는가?

여기에 $NaHCO_3$ 수용액을 잘 흔들어 주면서 한 방울씩 가하여 보아라. 색깔이 어떻게 달라지는가?

(3) 이 때의 변화를 화학 방정식으로 나타낼 수 있는가?

(4) 위에서 실험한 가수 분해 반응의 이온식을 써라.

실험-38	실험대 번호	학과 년 번		실험일자	제출일자	검인
		이름		년 월 일	년 월 일	

실험-39. 완충 용액

실험 목적

산, 염기 수용액 중의 수소 이온 농도는 단순히 산이나 염기만이 녹아 있을 때에는 산이나 염기를 소량 가하여 주어도 대단히 민감하게 변화된다. 그런데 때로는 실험하는 용액의 pH가 소량의 산 또는 염기를 가하여 주어도 영향을 받지 않아야 하는 경우가 있다. 동물의 혈액이나 체액은 이러한 대표적인 예이다. 이러한 성질을 용액의 완충성이라고 말하고, 이러한 성질을 가지고 있는 용액을 완충 용액이라 말한다. 이러한 용액은 어떤 약산에 그 약산의 강염기와의 염을 녹여 주거나, 어떤 약염기에 그 약염기의 강산과의 염을 녹여 만든다. CH_3COOH에 CH_3COONa를 녹여 준 것이나, NH_4OH에 NH_4Cl을 녹여 준 것은 대표적인 것이다. 이 실험에서는 몇 가지 실험 예를 들어서 용액의 완충성을 알아 본다.

기 구

시험관, 비이커, 시험관 받침대, 드롭퍼

시 약

$NaOH$, $NaCl$, KNO_3, Na_3PO_4, NH_4Cl, CH_3COONa, 0.1M HCl, 0.1M $NaOH$, 0.1M NH_4OH, 0.1M CH_3COOH, 우유, 혈장, 증류수, Methyl orange

실험법 및 결과 보고

(1) 예비 실험

① 시험관에 0.5 M $NaCl$, KNO_3, Na_3PO_4, CH_3COONa, NH_4Cl 수용액 5 ml씩을 취하고 지시약 한 방울씩을 가하여라. 0.1M HCl을 50 ml 비이커에 소량 덜어 내어 이것을 드롭퍼로 각 시험관의 지시약의 색깔이 변할 때까지 떨어뜨려 주어라. 이 때 소비되는 염산의 방울수를 적어라. 같은 요령의 실험을 0.1M $NaOH$를 가지고 해 보아라.

용 액	필요한 HCl의 방울수	필요한 NaOH의 방울수
$NaCl$	....	....
KNO_3	....	....
Na_3PO_4	....	....
NH_4Cl	....	....
CH_3COONa	....	....

색깔이 달라지지 않는 경우는 왜 그런가?

....

② 이 결과로써 완충성을 줄 수 있는 가능성이 있는 염을 골라 낼 수 있는가?

....

그 이유를 설명하여라.

---

(2) 완충액의 조제

① 0.1 M CH_3COOH 용액 3 m*l* 씩을 네 시험관에 각각 취하고, 그 중 세 시험관에는 각각 CH_3COONa 를 0.5, 1, 1.5 g 씩 녹여 주어라. 각 시험관에 지시약 한 방울씩을 가하고, 이 색깔이 완전히 염기성 색깔로 변색될 때까지 가해 주어야 하는데, 0.1 M NaOH 수용액의 방울수를 세어라.

용 액	0.1M NaOH의 방울수
0.1M CH_3COOH	----------
0.1M CH_3COOH + 0.5 g CH_3COONa	----------
0.1M CH_3COOH + 1 g CH_3COONa	----------
0.1M CH_3COOH + 1.5 g CH_3COONa	----------

② 실험 (2)-①과 같은 방법으로 0.1 M NH_4OH 수용액에 NH_4Cl 을 녹인 수용액과 0.1M HCl 을 가지고 실험하여 필요한 HCl 의 방울수를 세어라.

용 액	필요한 0.1 M HCl 의 방울수
0.1M NH_4OH	----------
0.1M NH_4OH + NH_4Cl 0.5 g	----------
0.1M NH_4OH + NH_4Cl 1 g	----------
0.1M NH_4OH + NH_4Cl 1.5 g	----------

③ 실험 ①, ②의 결과로써 이 용액의 완충성이 입증되는가?

---

(3) ① 우유와 혈장을 각각 두 시험관에 3 m*l* 씩 취하고 지시약을 한 방울씩 떨어뜨려라. 이 때의 색깔이 산성이면 0.1 M NaOH 용액을, 염기성이면 0.1 M HCl 용액을 그 색깔이 변할 때까지 한 방울씩 가하여라. 이 때 가하여 준 방울수를 세어라.

	필요한 NaOH의 방울수	또는 필요한 HCl의 방울수
우 유		
혈 장		

② 실험 ①의 결과만으로 우유와 혈장이 완충성을 가지고 있다고 볼 수 있는가?

우유나 혈장의 완충성을 입증하려면 어떤 실험을 더 하여 보아야 하겠는가?
(가장 간단한 방법을 생각하여 지도 교수에게 상의하여 지시를 받도록 하여라.)

<table>
<tr><td rowspan="2">실험-39</td><td>실험대 번 호</td><td colspan="2">학과 년 번</td><td>실 험 일 자</td><td>제 출 일 자</td><td>검인</td></tr>
<tr><td></td><td>이름</td><td></td><td>년 월 일</td><td>년 월 일</td><td></td></tr>
</table>

실험-40. 용해도적

실험 목적

일정량의 용매에 일정한 온도에서 포화 농도에 이를 때까지 녹아 들어가는 용질의 무게가 일정하다는 사실은 1장의 용해도에 관한 실험을 통하여 이미 확인하였다. 그런데 이 중에서도 물에 극히 소량 밖에 녹아 들어가지 않는 난용성 물질의 경우는 침전 생성 반응과 직접적인 관계가 있기 때문에 특히 흥미로운 바가 있다. 침전이 더 이상 녹아들어가지 않는다는 것은 용액 중으로 녹아 들어가는 분자수와 용액 중에 녹아 있는 분자가 다시 결정으로 석출되는 분자수가 같아져서 두 변화가 서로 평형에 도달되었을 때를 의미한다. 화학식이 A_xB_y인 난용성 염이 포화되었을 때는 다음과 같은 평형식으로 나타낼 수 있다.

$$A_xB_y(s) \rightleftharpoons {}_xA^+ + {}_yB^{-x}$$

이 평형계의 평형상수는 다음과 같이 정의된다.

$$K=\frac{[A^{+y}]^x[B^{-x}]^y}{[A_xB_y(s)]}$$

그런데 난용성 염의 경우 녹아서 없어진 A_xB_y의 양은 남아 있는 A_xB_y의 양에 비하여 극히 적은 양이므로 거시적으로는 처음에 취한 A_xB_y는 거의 일정하게 남아 있다고 볼 수 있다. 그러므로 이 값을 평형 상수에 포함시켜 다음과 같이 새로운 평형상수를 정의한다.

$$Ks.p=[A^{+y}]^x[B^{-x}]^y$$

이 $Ks.p.$는 포화 용액 중에 녹아 있는 양이온과 음이온 농도의 상승적이므로 용해도적 상수라고 말한다. 수용액 중의 양이온과 음이온 농도의 상승적이 $Ks.p.$와 같을 때는 포화 용액이고 이보다 작을 때는 불포화 용액이며, 이보다 클 때는 과포화 용액으로 포화 용액이 될 때까지 여분의 염이 침전으로 석출하게 된다. 따라서 어떤 불용성 염의 용해도적 상수를 구하려면 그 염의 물에 대한 용해도를 측정하여 이 값으로부터 용해도적 상수를 구해낼 수 있다. 이 실험에서는 이 방법으로 $PbCrO_4$의 용해도적 상수를 구하여 본다.

기 구

시험관, 비이커, 피펫, 증발접시, 시험관잡이, 분젠 버어너, 깔때기, 스탠드 및 링, 온도계, 교반봉, 세척병

시 약

$PbNO_3$, K_2CrO_4, 증류수

실험법 및 결과 보고

(1) 용해도 측정

① 50 ml 비이커에 0.1 M $PbNO_3$ 5 ml와 0.1M K_2SO_4 용액 5 ml를 섞어 넣어라. 침전이 완결되거든 증류수 20 ml를 넣고 교반봉으로 잘 저어 주고 깔때기와 거름 종이

를 써서 침전을 걸러라. 침전을 다시 깨끗한 비이커에 옮기고 증류수 20 ml를 가하여 씻은 다음 다시 걸러라. 깔때기 위의 침전을 다시 10 ml 정도의 증류수로 씻어 내려라.

② 이 침전 소량을 깨끗한 시험관에 옮기고 10ml의 증류수를 가하고 온도를 25°C로 맞추어 준 물이 담긴 비이커에 담가 온도가 평형될 때까지 간간히 흔들어 주면서 담가 두어라. 열평형에 달하면 시험관을 흔들지 말고 가만히 정지시켜 녹지 않은 침전을 모두 가라앉혀라.

③ 증발접시를 깨끗이 닦아 분젠 버어너로 세게 가열하여 준 다음 실온으로 식혀 그 무게를 0.001 g까지 정확하게 달아라. 이 증발 접시에 시험관에 담긴 상등액 5 ml를 5 ml들이 피펫으로 정확히 취하여 옮기고 이 무게를 같은 요령으로 정확히 달아라. 이 때 침전이 따라 올라오지 않도록 해야 하며, 저울 팬에 용액이 묻지 않도록 조심해야 한다.

증발 접시의 무게 . ________________ g

증발접시+용액의 무게 : ________________ g

용액의 무게 : ________________ g

④ 실험 ③에서 구한 값으로부터 이 포화 용액 1 l 중에 녹아 있는 $PbCrO_4$의 무게를 계산하여 이 용액의 몰 농도를 구하여라.

____

____

(2) 용해도적 상수의 계산

① $PbCrO_4$가 물에 포화되었을 때의 이온 방정식을 써라.

____

② 이 포화액에서 Pb^{+2}와 CrO_4^{-2} 이온의 농도는 각각 얼마인가?

$[Pb^{+2}]=$ $[CrO_4^{-2}]=$

③ $PbCrO_4$의 용해도적 상수를 계산하여라.

____

(3) $Pb(NO_3)_2$ 포화 용액 100 ml에 0.001 M K_2CrO_4 수용액 100 ml를 섞어 주면 몇 g의 $PbCrO_4$가 석출되겠는가?

____

<table>
<tr><td rowspan="2">실험-40</td><td>실험대 번호</td><td colspan="2">학과 년 번</td><td>실 험 일 자</td><td>제 출 일 자</td><td>검인</td></tr>
<tr><td></td><td>이름</td><td></td><td>년 월 일</td><td>년 월 일</td><td></td></tr>
</table>

11장 전기 화학

실험-41. 산화 · 환원 반응

실험 목적

전자를 잃으므로써 산화수가 증가되는 반응을 산화, 전자를 얻으므로써 산화수가 감소되는 반응을 환원이라 말하는데, 이 두 반응은 개별적으로 일어나는 것이 아니고 산화 반응에서 잃은 전자수와 환원 반응에서 얻는 전자수가 같아지면서 동시에 진행된다.

이 실험에서는 이러한 전형적인 몇 가지 반응의 예를 들어 변화 전후의 생성계 물질과 반응계 물질을 조사하여 봄으로써 실험적으로 산화, 또는 환원 여부를 확인하여 본다.

기 구

비이커, 시험관, 시험관 받침대, 드롭퍼

시 약

$CuSO_4$, 아연 조각, NaI, 브롬수, $KMnO_4$, $Na_2C_2O_4$, 구리선, d-HNO_3, CCl_4, 석회수

실험법 및 결과 보고

(1) 시험관에 0.1M $CuSO_4$ 수용액 5 ml를 취하여라. 이 수용액의 색깔은 어떠한가?

____

여기에 아연 조각 하나를 넣고 시험관 받침대에 5분동안 방치하여라. 어떤 변화가 일어나는가?

____

용액의 색깔은 어떻게 변하였는가?

____

왜 이러한 변화가 일어나는가?

____

생성된 침전은 무엇인가?

____

이 변화를 이온 방정식으로 나타내어라.

____

산화 반응과 환원 반응을 산화수의 변화와 액성을 고려하여, 산화·환원 반응을 이온식으로 표시하여라.

(2) 다른 시험관에 0.1 M NaI 용액 5 m*l* 를 취하고, 브롬수를 드롭퍼로 한 방울씩 가하여 주어라. 어떤 변화가 일어나는가?

이 때 환원된 것은 어떤 물질인가?

생성된 침전은 무엇인가?

이 침전에 CCl_4 1 m*l* 를 가하여 보아라. 어떻게 되겠는가?

이 변화의 산화·환원 이온식을 완성시켜라.

(3) 시험관에 0.1 M $Na_2C_2O_4$ 수용액 5 m*l* 를 취하고, 묽은 황산 한 방울을 가하여 산성으로 액성을 조절하여 준 다음, 0.1 N $KMnO_4$ 수용액 1 m*l* 를 가해 주어라. 어떤 변화가 일어나는가?

이 시험관의 아가리를 기체 유도관이 달린 마개로 막고, 이 기체 유도관의 끝을 석회수가 담긴 시험관에 넣어 보아라. 어떤 변화가 일어나는가?

이 사실로써 이 때 발생하는 기포는 무엇이라 할 수 있는가?

이 변화 과정에서 환원제로 쓰인 물질은 무엇인가?

이 변화의 산화 반응과 환원 반응의 이온식을 각각 완성하고, 산화제, 환원제의 당량을 계산하여라.

(4) 구리선의 작은 토막을 시험관에 넣고 묽은 질산 3 ml를 가하여 주어라. 어떤 변화가 일어나는가?

이 때 발생되어 나오는 기체의 색깔과 용액의 표면에서 나오는 기체의 색깔을 살펴 보아라. 이러한 현상은 왜 일어나는가?

시험관에 남은 수용액의 색깔을 살펴보아라.

이 변화를 화학 방정식으로 나타내어라.

실험-41	실험대 번호	학과 년 번		실험일자	제출일자	검인
		이름		년 월 일	년 월 일	

실험-42. 전 지

실험 목적

산화 반응에서는 전자를 내주고 환원 반응에서는 전자를 받아들이므로 각 반응조에 적당한 전극을 꽂고 이 전극을 금속 도선으로 연결하면 산화 반응이 일어나는 쪽에서 환원 반응이 일어나는 쪽으로 전자가 이동한다. 즉 금속 도선으로 전류가 흐르게 된다. 전류의 방향을 전자가 이동하는 방향과 반대로 정의하였기 때문에 산화 반응이 일어나는 쪽의 전극이 (−) 극, 환원 반응이 일어나는 쪽의 전극은 (+) 극이 된다. 여러 산화 반응의 환화력은 모두 다르므로 여러 산화 반응의 반응성을 상대적으로 비교하기 위해서 표준 전극을 하나 정하여 이 표준 전극과 각 산화 반응조를 연결하였을 때의 전위를 측정하여 그 크기로써 여러 산화 반응의 반응성을 비교하는데, 이 전위를 산화 전위라고 말한다. 표준 전극으로는 수소 기체 전극을 사용하는데, 이 산화 전위값은 반응조의 물질 농도, 기체의 압력 및 온도에 따라 변하므로 반응 물질의 농도는 1 M, 기체의 압력을 1기압, 온도를 25° C로 맞추어 주었을 때의 전위값을 표준 산화 전위로 정하였다. 이 값이 클수록 산화되기 쉽다. 그리고, 수소보다 산화되기 쉬울 때에는 (+) 값, 수소보다 산화되기 어려울 때에는 (−) 값을 갖는다. 표준 산화 전위가 다른 임의의 두 반응조를 금속 도선으로 연결하고 염다리로 두 반응조를 연결하여 회로를 열어 주면 전지가 만들어지는데, 이 전지의 전위는 산화 전위가 큰 값에서 작은 값을 뺀 것과 같다. 이 실험에서는 비교적 단순한 두 경우를 골라 수소 기체 전극과 연결하여 그 표준 산화 전위를 측정하고, 이 두 반응조를 연결한 전지를 만들어 그 전위를 실제로 측정하여 본다.

기 구

비이커, 흙인 깔때기(밑이 다공성 물질로 막힌 것), 백금 전극, 구리 전극, 아연 전극, 전선, 도선 접촉용 꺄지, 볼트미터, 기체 유도관, 수소 발생 장치, 온도계

시 약

1 M H_2SO_4, $CuSO_4$, $ZnSO_4$, Zn, *d*-HCl

유의 사항

(1) 수소 기체를 발생시켜 통하여 줄 때에는 화기를 엄금한다.

(2) 황산은 농도를 표정하여 될 수 있는 대로 1 M에 가까운 농도로 만들어 써라.

실험법 및 결과 보고

(1) 표준 산화 전위의 측정

① 그림-90과 같은 장치를 꾸미고, 비이커에는 1 M $ZnSO_4$ 용액을, 깔때기에는 1 M H_2SO_4를 적당량을 넣어라. 이 때 반드시 깔때기의 다공성막이 황산에 잠겨야 한

다. 아연 전극의 접촉까지를 절단하고 수소 발생 장치에 기체 유도관을 연결하여 약 10 분동안 수소 기체를 통하여 포화시켜라. 다음 아연 전극에 접촉까지를 연결하고 볼트미터의 눈금을 읽어라.

________________ volt

다른 곳에서 70° C 가량으로 데운 물에 비이커를 담가 온도를 25° C로 맞추어 주고 이 때의 전위를 재어라.

________________ volt

어느 값이 화학편람에 실려 있는 값에 가장 가까운가?

____

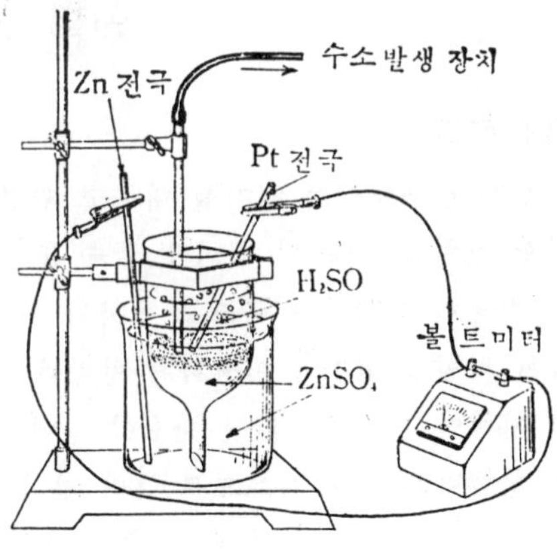

그림-90.

이 때 아연극에서 일어나는 반응을 이온식으로 써라.

____

② 비이커와 깔때기를 깨끗이 닦아 비이커에는 1M $CuSO_4$를 넣고 깔때기에는 다시 1M H_2SO_4를 담아 ①과 같은 실험을 하여 그 전위를 재어라. 참고로 기압계의 대기압을 기록하여 두어라.

실온에서의전위 : ________________ volt

25°C에서의 전위 : ________________ volt

대기압에서의 전위 : ________________ mmHg

볼트미터의 눈금이 움직이는 방향이 ①에서와 같은가?

____

왜 이러한 현상이 일어나는가?

____

어느 극이 (−)극인가?

____

이 때의 두 전극 반응을 이온식으로 완성시켜라.

____

③ 화학편람에 실려 있는 값과 측정치를 비교하여 실험 오차를 구하여라.

____

오차가 생기는 주요인은 무엇이겠는가?

____

(2) 표준 전지의 전위 측정

① 실험 (1)에서 사용한 비이커와 깔때기를 깨끗이 닦아라. 특히 깔때기는 물을 담고 여러 번 흡인하여 격막에 스며 있는 산을 완전히 제거해야 한다.

② 비이커에는 1 M $ZnSO_4$ 수용액을 담아 Zn 전극을 꽂고, 깔때기에는 1 M $CuSO_4$ 용액을 넣고 Cu 전극을 담가라. 두 전극에 짝지를 연결하여 그 전위를 실험 (1)에서와 같은 방법으로 측정하여라.

실온에서의 전위 : .... volt

25°C 에서의 전위 : .... volt

③ 실험 (1)에서 측정한 두 값 중 큰 값에서 작은 값을 뺀 차이와 실험 (2)-②에서 측정한 값을 비교하여 보아라.

....

(3) 임의의 농도에서의 전위

① 농도가 표준 농도가 아닐 때, 그 전위값은 어떻게 결정되는가?

....

....

② 비이커의 1 M $ZnSO_4$ 용액을 절반 가량 덜어 내고, 증류수로 대신 채워 넣고 그 전위를 측정하여라.

.... volt

전위값이 어떻게 달라지는가?

....

③ 비이커에는 0.5 M $ZnSO_4$ 용액을 담고, 깔때기에는 1 M $ZnSO_4$ 용액을 넣고, 아연 전극에 꽂아 그 전위를 측정하여라.

.... volt

이렇게 하여도 전지를 만들 수 있는 까닭을 설명하여라.

....

....

이러한 전지를 무슨 전지라고 하는가?

....

<table>
<tr><td rowspan="2">실험-42</td><td>실험대 번호</td><td colspan="2">학과 년 번</td><td>실 험 일 자</td><td>제 출 일 자</td><td>검인</td></tr>
<tr><td></td><td>이름</td><td></td><td>년 월 일</td><td>년 월 일</td><td></td></tr>
</table>

실험-43. 산화·환원 적정

실험 목적

산화제와 환원제는 반드시 같은 당량끼리 반응이 완결된다. 그러므로 산·염기의 경우에서와 마찬가지로 당량 계산이 가능하므로, 산화·환원 반응을 이용하여 산화제나 환원제의 양을 정량할 수 있다. 이 실험에서는 이러한 전형적인 경우를 실험을 통하여 익혀 본다.

기 구

삼각 플라스크, 뷰렛잡이, 피펫, 스탠드, 시약병

시 약

$H_2C_2O_4$ 표준 용액(0.1N), $KMnO_4$, 시료(주성분 $FeSO_4$), 3M H_2SO_4, 증류수

실험법 및 결과 보고

(1) 0.1 N $KMnO_4$ 용액의 조제

① $KMnO_4$ 3.2 g을 대략 달아 1 *l*의 갈색 시약병에 넣고 메스실린더로 1 *l*의 증류수를 취하여 녹여라. 가능하면 하룻밤 동안 방치하여 두었다가 잔유물을 걸러 버려라.

② $H_2C_2O_4$ 표준 용액 25 m*l*를 피펫으로 정확히 취하여 250 m*l*의 삼각 플라스크에 옮긴 후 약 100 m*l*의 증류수로 희석하고, 3 M H_2SO_4 20 m*l*를 가하여 액성을 산성으로 조절하여 준다. 옥살산 용액은 유해하니 입으로 빨아 올리지 말고 지도 교수가 가지고 있는 자동 흡인 밸브를 사용하여라. 이 용액을 80 °C 정도로 가온하여 적정한다.

③ ①에서 만든 $KMnO_4$ 용액을 뷰렛에 채우고, 눈금을 0점에 맞춘 다음 실험 ②에서 준비한 옥살산 표준 용액을 적정한다. 처음에는 $KMnO_4$의 색깔이 쉽게 탈색되므로 가해 주는 양이 좀 많아도 괜찮으나 당량점 부근에 오면 $KMnO_4$의 색깔이 쉽게 사라지지 않으니, 가하여 주는 양도 한 방울씩 조심하여 가하여 주어야 한다. 마지막 한 방울로 인하여 발색된 엷은 핑크색이 30초동안 사라지지 않는 점을 당량점으로 간주한다. 이 때 뷰렛의 콕을 잠그고 소비된 $KMnO_4$ 용액의 부피를 정확히 읽어라.

소비된 $KMnO_4$ 수용액의 부피 : .... m*l*

④ 소비된 $KMnO_4$ 용액의 부피와 취한 옥살산의 부피 및 농도값을 써서 $KMnO_4$ 용액의 노르말 농도를 구하여라.

(2) 미지 시료의 정량

① 배당받은 미지 시료 1.2 g 정도를 취하여 이것을 0.001 g 까지 정확하게 달아라.

시료의 무게 : .... g

② 이 시료를 완전히 250 m*l* 삼각 플라스크에 옮겨 증류수 50 m*l* 를 가하여 녹이고, 0.5 M H_2SO_4 25 m*l* 를 가하여 액성을 산성으로 맞추어 주어라.

③ 실험 ②에서 준비한 시료를 실온에서 $KMnO_4$ 용액으로 실험 (1)에서와 같은 요령으로 적정하여 당량점까지 소비된 $KMnO_4$ 의 부피를 정확하게 읽어라.

소비된 $KMnO_4$ 의 m*l* 수 : .... m*l*

④ 환원제인 $FeSO_4$ 의 산화 반응을 이온식으로 완결하고, $FeSO_4$의 당량을 구하여라.

....

⑤ 시료 중에 포함된 불순물은 $KMnO_4$ 와 반응하지 않는 것이다. 시료 중에 포함되어 있는 $FeSO_4$ 의 무게를 구하여라.

....

⑥ 시료의 순도는 얼마인가 ?

....

....

(3) 이 $KMnO_4$ 용액을 이용하여 시판되는 과산화수소를 정량하는 방법을 생각하여 보아라.

....

....

....

실험-43	실험대 번호	학과 년 번	실 험 일 자	제 출 일 자	검인
		이름	년 월 일	년 월 일	

실험-44. 전기 분해

실험 목적

전해질 수용액에 전극을 꽂고 직류 전류를 통해 주면 양이온은 음극으로 옮겨가서 전극으로부터 전자를 받아 환원되고, 음이온은 양극으로 옮겨가서 양극에 스스로 가지고 있는 여분의 전자를 넘겨 주고 산화된다. 이 때 아보가드로의 수만한 전자가 전해조를 통과하면 각 전극에는 각각 1 당량의 물질이 석출된다. 그러므로, 전자 1개가 가지고 있는 전기량에 아보가드로의 수를 곱하면 물질 1 당량을 석출시키는 데 필요한 전기량 96,500 크롬(coulomb)이 산출된다. 이 전기량을 1 Faraday라 말하고, 1 F로 나타낸다. 전해조로 지나간 전기량은 전류의 세기 i에 전류를 통해 준 시간(초)을 곱하여 구한다.

$$Q = i\,t \quad (i\,;\ \text{coulomb/sec},\ t\,;\ \text{sec})$$

이 실험에서는 간단한 전기 분해조를 한 가지 들어서 실험적으로 전기 분해에 관계되는 기본적인 문제를 해결하여 본다.

기 구

뷰렛, 비이커, 고무관, 스탠드, 클램프, 전선(비닐 피복), 깍지(도선 접촉용), 축전지, 온도계

시 약

0.5 M HCl, 0.5 M KCl, 0.1 M CH_3COOH.
미지 활성 금속 막대

실험법 및 결과 보고

(1) 전기 분해

① 그림-91과 같은 장치를 꾸미고, 뷰렛을 세운 비이커에는 0.5 M HCl을, 미지 금속 막대를 담근 비이커에는 0.5 M KCl 용액을 각각 2/3 가량 채워라. 그리고, 두 용액을 굵은 니크롬선으로 접촉시켜 준다. KCl 용액에 담그기 전에 미지 금속 전극의 무게를 0.001 g 까지 정확하게 달아라.

② 축전지와의 연결을 끊고 뷰렛 콕을 열고서 고무관을 흡인하여

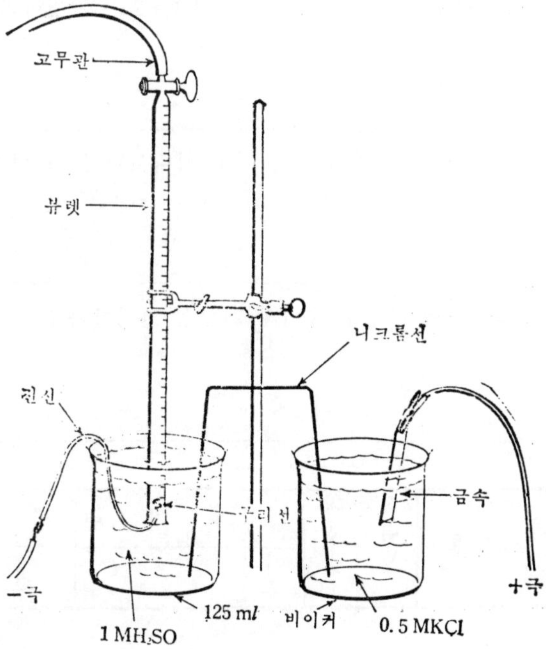

그림-91.

산으로 뷰렛을 채운 다음 뷰렛 콕을 잠가라.

③ 다음 축전지에 연결하여 전류를 통하여 주어라. 뷰렛에 50 ml의 수소 기체가 모이면 스위치를 절단하여라. 이 때까지 걸리는 시간을 재어라. 금속 전극을 꺼내어 0.1 M CH_3COOH로 씻고 다시 증류수로 씻어 물기를 완전히 말리고, 그 무게를 0.001 g까지 정확하게 다시 달아라. 그리고, 이 때 기압계의 눈금을 읽어 대기압을 기록하고 산의 온도를 재어라. 그리고 이 온도에서의 물의 증기압 값을 부록에서 찾아 기록하여라.

수소 50ml가 발생하는 데 걸리는 시간 : ______ 1초

전해 후의 금속 막대의 무게 : ______ g

전해되어 감소된 무게 : ______ g

대기압 : ______ mmHg

산의 온도 : ______ °C

이 온도에서의 물의 증기압 ______ mmHg

같은 요령의 실험을 다시 반복하여 결과를 기록하여라.

______

(2) 전기 분해 법칙을 응용하는 계산

① 앞에서 측정한 양으로부터 이 전기 분해조를 통과한 전기량을 계산하여라.

______

② 전극으로 사용한 금속 막대를 순수한 것이라고 하면 이 금속의 당량은 얼마인가?

______

③ 만일 순수하지 않은 아연 막대였다면 이 아연의 순도는 얼마인가?

______

④ 이 때 사용한 축전의 세기는 얼마인가?

______

<table>
<tr><td rowspan="2">실험-44</td><td rowspan="2">실험대 번호</td><td colspan="2">학과 년 번</td><td>실험일자</td><td>제출일자</td><td>검인</td></tr>
<tr><td>이름</td><td></td><td>년 월 일</td><td>년 월 일</td><td></td></tr>
</table>

12장 이온의 정성 분석

실험-45. 착이온

실험 목적

금속 이온은 수용액 중에서 극성이 강하고, 결합에 쓰지 않은 전자쌍을 가지고 있는 분자 또는 이온을 그 주위에 끌어 들여 배위 결합을 이루어 안정한 기하학적 구조를 이루어 존재한다. 이 때 배위되는 분자나 이온을 **배위자**라 말하고, 결합되어지는 수를 배위수라 한다. 그리고, 중심 금속 이온에 배위자가 배위된 복잡한 구조의 이온을 **착이온**(complex ion) 이라고 한다. 대체로 착이온은 보통 이온보다 안정한데 그 안정도는 배위자의 종류 및 액성에 따라 달라진다. 전형적인 배위자로는 H_2O, NH_3, OH^-, Cl^- CN^- 등을 들 수 있는데, 이러한 배위자가 배위된 착이온을 각각 수화이온, 암모니아 착이온, 수산 착이온, 염화 착이온, 시안화 착이온이라 말한다. 배위수는 금속 이온의 인력 및 이온의 크기에 따라 달라지는데, Ag^+ 이온의 배위수는 2, Cu^{+2}, Zn^{+2}, Ca^{+2}, Al^{+3}, Sn^{+2} 이온은 4, Ni^{+2} Co^{+2}, Fe^{+2}, Fe^{+3}, Sn^{+4} 등은 6이다. 예컨대 $AgNO_3$와 $CuSO_4$를 물에 녹여 주면 Ag^+, Cu^{+2} 등의 홑이온으로 존재하는 것이 아니라, $[Ag(H_2O)_2]^+$, $[Cu(H_2O_4)_4]^{+2}$ 등의 수화 이온이 되어 녹아 있다. 수용액이 색깔을 띠는 것은 바로 이 수화 이온의 색깔이다. 이 실험에서는 몇 가지 착이온의 형성을 간단히 실험을 통하여 확인하고, 착이온의 상대적인 안정도를 간접적인 방법으로 실험하여 본다.

기 구

시험관, 시험관 받침대

시 약

0.1 M $AgNO_3$, 0.1 M $ZnSO_4$, 0.1 M $CuSO_4$, 0.1 M $Cd(NO_3)_2$, 0.1 M $AlCl_3$, 0.1 M $Ni(NO_3)_2$, 0.1 M $Co(NO_3)_2$, 0.1 M $SnCl_2$, 0.1 M $SnCl_4$, 0.1 M $FeSO_4$, 0.1 M $FeCl_3$, 1 M NH_4Cl, *c*-NH_4OH, *c*-HCl, *c*-NaOH, Arizarin yellow R, Indigo carmine, Phenolphthalein

실험법 및 결과 보고

(1) 착이온의 생성

① **수화 이온** : 0.1 M Zn SO_4 , $Ni(NO_3)_2$, $Co(NO_3)_2$, 및 $FeCl_2$ 수용액을 각각 시험관에 5 ml씩 취하여 흰종이로 받쳐 그 색깔을 조사하고, 각 수화이온의 화학식을 써라.

시 료	수용액의 색깔	수화이온의 화학식
$ZnSO_4$	....	....
$Ni(NO_3)_2$	....	....
$Co(NO_3)_2$	....	....
$FeSO_4$	....	....

② 암모니아 착이온

시험관에 0.1M $Ag(NO_3)$, $ZnSO_4$, $CuSO_4$, $Cd(NO_3)_2$, $Ni(NO_3)_2$, $Co(NO_3)_2$, $FeSO_4$ $SnCl_2$ 수용액을 각각 3 ml씩 취하고, 여기에 c-NH_4OH를 한 방울씩 가하면서 침전 생성 및 그 색깔을 조사하고, 이 침전에 c-NH_4OH를 몇 방울이나 가하여 주면 다시 모두 녹는지를 조사하여라. 침전이 다시 녹는 것은 암모니아 착이온을 형성하기 때문인데 침전이 다 녹을 때까지 가하여 준 NH_4OH의 방울수로부터 그 배위수가 2, 4, 6 중 어느 것에 해당할 것인가를 추측하여 그 착이온의 화학식을 써 보아라.

시 료	침전의 색깔	수화이온의 화학식	방울수	착이온의 색깔	착이온의 화학식
$AgNO_3$					
$ZnSO_4$					
$CuSO_4$					
$Cd(NO_3)_2$					
$Ni(NO_3)_2$					
$Co(NO_3)_2$					
$FeSO_4$					
$SnCl_2$					

③ 수산 착이온

시험관에 0.1M $CuSO_4$, $FeSO_4$, $ZnSO_4$, $AlCl_3$, $SnCl_4$ 및 $SnCl_2$ 수용액 3 ml씩을 취하고 각각 c-NaOH 한 방울씩을 가하여 침전 생성 여부와 침전의 색깔을 조사하여라. 또한 계속하여 NaOH를 적가하여 침전이 다시 녹는지를 살피고, 다시 침전이 다 녹을 때까지 가하여 준 NaOH의 방울수를 세어 기록하여라. 침전이 다시 녹는 것은 수산 착이온이 형성되기 때문인데 ①②에서와 같은 요령으로 생각하여 각 수산착이온의 화학식를 써 보아라.

시 료	침전의 화학식	NaOH의 방울수	용액의 색깔	수산착이온의 화학식
$CuSO_4$				
$FeSO_4$				
$ZnSO_4$				
$AlCl_3$				
$SnCl_2$				
$SnCl_4$				

생성된 수산착이온에 염산을 한 방울씩 가하여 보아라. 어떤 변화가 일어나는가?

왜 이러한 변화가 일어나는가?

---

④ 염화 착이온

시험관에 0.1 M $AgNO_3$, $CuSO_4$, $FeSO_4$, $SnCl_2$, $SnCl_4$ 수용액 3 ml씩을 각각 취하

타. 여기에 c-HCl 한 방울씩을 가하여 주면서 변화를 살펴라. 침전이 생기는 것은 그 색깔을 조사하고 염산을 더 가하여 침전이 다시 녹는가를 관찰하여라. 다시 녹는 것은 염화착이온을 형성하기 때문이다. 침전이 생성되지 않는 것은 염산을 다량 가하여 주고 용액의 색깔이 달라지는가를 조사하여라.

시 료	침 전	용액의 색깔	염화 착이온의 화학식
$AgNO_3$	----------	----------	----------
$CuSO_4$	----------	----------	----------
$FeSO_4$	----------	----------	----------
$SnCl_2$	----------	----------	----------
$SnCl_4$	----------	----------	----------

(2) 착이온의 안정도

① 세 개의 시험관에 $CuSO_4$ 수용액 2 ml씩을 취하고, 각각에 진한 암모니아수를 한 방울 가하여 주어라. 침전이 생기거든 이 침전이 녹을 때까지 암모니아수를 적가하여 주어라. 이 때 침전 생성 여부, 침전의 색깔, NH_4OH에 다시 녹는가의 여부, 다시 녹은 용액의 색깔 등을 다음 표의 NH_3-NH_3 란에 기록하여라. 이 시험관 중의 하나에 c-HCl을 적가하여 줄 때의 변화를 앞에서와 같은 요령으로 조사하여 NH_3—Cl^-란에 기입하여라. 다른 한 시험관에는 c-NaOH를 적가하여 주면서 그 변화를 NH_3—OH^-란에 기입하여 넣어라. 이렇게 하여 첫째 가로줄의 난을 채워라.

② 다시 시험관 세 개를 준비하고 각각에 0.1M $CuSO_4$ 수용액 2 ml씩을 취하여라. 그 각각에 이번에는 진한 염산을 한 방울씩 적가하여 주면서 ①에서와 같은 요령으로 조사한 내용을 Cl^-—Cl^- 란에 기입하여라. 다음 한 시험관에 c-NH_4OH를 적가하여 줄 때, 변화를 Cl^-—NH_3 란에, 다른 한 시험관에 진한 NaOH를 적가하여 줄 때의 변화를 Cl^-—OH^- 란에 기입하여라.

③ 같은 요령으로 조사하여 세째 가로줄을 채워 넣어라.

		NH_3	Cl^-	OH^-
1	NH_3			
2	Cl^-			
3	OH^-			

④ 실험 ①, ②, ③에서 조사하여 완성한 표의 내용을 검토하여, 생성된 착이온의 상대적인 안정도를 비교하여 그 안정도의 서열을 정하여라.

---

(3) ① 금속 이온이 안정한 착이온을 형성하는 성질을 금속 이온을 분리하는 데 어떻게 이용할 수 있겠는가?

---

② 다음과 같이 두 금속 이온이 섞여 있는 혼합액에 NaOH와 NH_4OH 중 어느 시약을 작용시키면 한 가지 금속 이온을 침전시키고 다른 하나는 용액 중에 남게 할 수 있는가? 실험해 본 결과로써 판정한다.

	시 약	침 전	용액 중의 이온
Pb^{+2}, Cu^{+2}			
Cu^{+2}, Pb^{+2}			
Ni^{+2}, Sn^{+2}			
Al^{+3}, Zn^{+2}			
Ag^{+}, Fe^{+2}			

실험-45	실험대 번호	학과 년 번		실험일자	제출일자	검인
		이름		년 월 일	년 월 일	

실험-46. 음이온의 간이 분석

실험 목적

어떤 양이온의 수용액에 특정한 음이온을 가하여 주면 침전이 생성되는 경우가 있다. 예컨대 $Pb(NO_3)_2$ 수용액에 K_2CrO_4 수용액을 가하여 주면 다음 이온 방정식에 따라 $PbCrO_4$의 황색 침전이 생성된다.

$$Pb^{2+} + CrO_4^{2-} \longrightarrow PbCrO_4(s)$$

그런데, 이 때 생성된 침전이 약산의 음이온(CO_3^{2-}, S^{2-} 등 휘발성일 때)을 포함하고 있을 때는 강산을 가하면 다음 반응과 같이 기체를 발생하면서 녹고, 불휘발성인 약산의 음이온(PO_4^{3-}, SiO_3^{2-} 등)을 포함하고 있으면 기체를 발생하지 않고 녹는다.

$$ZnCO_3 + H^+ \longrightarrow Zn^{2+} + C_2O \uparrow + H_2O$$
$$FeS + 2H^+ \longrightarrow Fe^{2+} + H_2S \uparrow$$
$$Ca_3(PO_4)_2 + 6H^+ \longrightarrow 3Ca^{2+} + 2H_3PO_4$$

그리고, 이 침전 등에 포함되어 있는 금속 이온이 착이온을 형성할 수 있는 이온이면 배위자를 공급하여 주는 시약과 반응하여 착이온을 형성시키면서 녹는다.

$$AgCl(s) + HCl \longrightarrow AgCl_2^- + H^+$$
$$ZnCO_3(s) + 4\,NH_4OH \longrightarrow [Zn(NH_3)_4]^{2+} + CO_3^{2-} + 4\,H_2O$$

이러한 성질을 종합하면 특정한 음이온을 정성적으로 확인하여 낼 수 있다. 이 실험에서 몇 가지 전형적인 음이온 확인법을 실험을 통하여 알아본다.

기 구

시험관, 시험관 받침대

시 약

K_2SO_4, Na_2CO_3, NH_4Cl, KI, $BaCl_2$, $AgNO_3$, $Pb(NO_3)_2$, $AlCl_3$, c-NH_4OH, 3M-H_2SO_4

실험법 및 결과 보고

(1) 음이온의 특성 조사

① K_2SO_4 수용에 3m*l* 씩을 4개의 시험관에 취하고 그 각각에 $BaCl_2$, $AgNO_3$, $PbNC_3$ $AlCl_3$ 수용액 3m*l* 씩을 가해 주어라. 이 때 침전 생성 여부와 침전의 색깔을 조사하여 다음 표의 SO_4^{2-} 와 해당하는 금속이온이 교차되는 난에 기입하여라. 침전이 생성되는 것은 P라 쓰고 침전의 색깔을 써 넣어라. 이와 동일한 요령의 실험을 Na_2CO_3, NH_4Cl ,KI 수용액을 가지고 실시하여 해당하는 빈 간을 채워라.

	Ba^+	Ag^+	Pb^{2+}	Al^{3+}
SO_4^{2-}				

CO_3^{2-}				
Cl^-				
I^-				

② 생성된 침전에 3M 황산 몇 방울을 가하여 주고 흔들어 보아라. 기체를 발생하면서 녹는 것은 GS라 써 넣고, 기체를 발생하지 않고 녹는 것은 S, 녹지 않는 것은 IS라 써 넣어라.

	Ba^{2+}	Ag^+	Pb^{2+}	Al^{3+}
SO_4^{2-}				
CO_3^{2-}				
Cl^-				
I^-				

③ 산에 녹지 않는 것에는 c-NH_4OH를 적가하여 주어라. 녹는 것은 암모니아 착이온을 생성하는 것이다. 녹는 것은 해당란에 C라 기입하여라.

	Ba^{2+}	Ag^+	Pb^{2+}	Al^{3+}
SO_4^{2-}				
CO_3^{2-}				
Cl^-				
I^-				

④ 실험 ①, ②, ③의 결과를 종합하면 음이온을 확인할 수 있겠는가?

⑤ 그 확인 방법을 구체적으로 세워라.

(2) 지도 교수로부터 배정받은 미지 시료 중에 포함되어 있는 음이온을 앞에서 얻은 결과를 이용하여 확인하여라.

시료 \ 양이온	Ba^{2+}		Ag^{+}		Pb^{2+}		Al^{3+}		판 정
1									
2									
3									
4									
		H_2SO_4 / NH_4OH		H_2SO_4 / NH_4OH		H_2SO_4 / NH_4OH		H_2SO_4 / NH_4OH	

(3) 이 방법 이외에 다른 가능한 방법을 생각하여 보아라.

실험-46	실험대 번호	학과 년 번		실험일자	제출일자	검인
		이름		년 월 일	년 월 일	

실험-47. 양이온의 간이 분석

실험 목적

양이온은 지금까지 실험해 본 음이온과 반응하면 색깔이 변하든지 침전이 생기는 예가 많다. 예컨대 H_2S 가스를 양이온액에 통해 주면 거의 대부분의 양이온이 황화물로서 침전되므로 이 침전의 성질을 잘 연구해 보면 양이온을 서로 분리시켜 검출할 수 있는 간이 분석법을 고안할 수 있다. HCl 같은 산이나 H_2SO_4 같은 산을 가하든지, NaOH나 NH_4OH 같은 알칼리를 가해 주면 또한 침전이 생기는 것도 있고, 생기지 않는 것도 있으므로 이런 사실을 종합적으로 조사하면 많은 금속의 양이온을 분석할 수 있게 된다. 양이온 분석의 가장 어렵고 중요한 점은 이런 양이온들이 혼합되어 있을 때, 이 양이온을 서로 분리시켜 검출하는 것이다. 그러므로 가해 주는 시약의 반응을 잘 이해하여 그 원리를 통달하여야 한다.

기 구

비이커, 원심 분리용 시험관, 원심 분리기, 플라스크, 메스실린더, 시험관 받침대, 알코올 램프, 세척병

시 약

6 M HCl, 3 M HCl, c-H_2SO_4, 1.5 M H_2SO_4, 15 M HNO_3, 3 M HNO_3, 6 M CH_3COOH, 15 M NH_4OH, 3 M NH_4OH, 6 M NaOH, 1 M $AgNO_3$, 0.4 N $BaCl_2$, 0.1 M KCN, 0.2 M KNCS, 0.2 M K_2CrO_4 0.2 M $K_4Fe(CN)_6$, 0.2M $K_3Fe(CN)_6$, 2.5 M CH_3COONa, Na_2SnO_2 ($SnCl_2$ 1ml+NaOH 2ml), 1.3 N NH_4NCS, H_2S 기체 (FeS+HCl 또는 H_2SO_4), $(NH_4)_2S_2$, $SnCl_2$, Nessler 시약, 1 % Dimethylglyoxime, 금속 Sn, 0.2 % dithizone 알코올액, KNO_2 포화액, PbO_2 Aluminon

실험법 및 결과 보고

(1) 염화물의 성질과 그 정성 반응

① 다음 양이온을 조금 시험관에 넣고, 6 M HCl을 가하고 침전이 생기면 그 색깔과 이 침전이 온수에 녹는가 조사하여 그 결과를 각 해당란에 써 넣어라.

	결 과
Ag^{2+}	
Hg_2^{2+}	
Pb^{2+}	
X^+	

(주의) X^+은 어떤 양이온이라도 좋다. 구할 수 있는 어떤 이온이든지 시험관에 넣고 실험한다.

② $PbCl_2$를 온수에 녹이고, 여기에 K_2CrO_4액을 가하고, 어떻게 되나 그 결과를 조사하여라.

	결 과
$PbCl_2$	

③ Hg_2Cl_2 AgCl을 시험관에 넣고, 진한 NH_4OH 수용액을 가해 보고 그 결과를 기록하여라.

	결 과
AgCl	
Hg_2Cl_2	

④ 이상의 실험 결과를 종합하여 다음과 같은 경우를 생각하여 보아라.

ⓐ Ag^+, Pb^{2+}, Hg_2^{2+} 특성과 여러 가지 시약에 대한 반응의 차이점을 생각해 보라.

ⓑ Ag^+, Pb^{2+}, Hg_2^{2+}의 세 이온이 혼합되어 있을 때 이 세 이온을 각각 분리하고, 검출할 수 있는 법을 생각해 보아라.

ⓒ 지도 교수로부터 실제로 이 세 이온을 혼합한 검체를 얻어, 각각 분리 검출하여 그 실험법과 결과를 보고하여라.

(2) 황화물(I)의 성질

① 다음 이온을 각각 시험관에 넣고 H_2S를 통하고 침전이 생기면 그 빛깔과 화학식을 기입하고, 이 침전들이 3 M HNO_3에 녹는가 보고 그 결과를 화학식으로 써라.

이온 \ 시약	H_2S를 통할 때	HNO_3를 가할 때
Hg^{2+}		
Cu^{2+}		
Bi^{3+}		
Cd^{2+}		

② HgS를 왕수에 녹이고 가열한 다음 $SnCl_2$액을 몇 방울 가해 보아라. 그 결과를 조사하여라.

③ Cu^{2+}, Bi^{3+}, Cd^{2+}을 각각 시험관에 넣고 진한 NH_4OH를 한 방울씩 충분히 가하고

그 결과를 화학식으로 보고 하라. 또한 NH_4OH에 녹는 액(Cu^{2+}, Cd^{2+}에 대해서만)에 0.2M KCN을 황색이 없어질 때까지 가하고 다음에 H_2S를 통하고 그 결과를 화학식으로 써라.

이온 \ 시약	NH_4OH와의 반응	KCN과의 반응	H_2S를 통할 때
Cu^{2+}			
Bi^{3+}			
Cd^{2+}			

④ Bi^{3+}에 NH_4OH를 가할 때 생기는 침전에 Na_2SnO_2액을 가하고 어떻게 되는지 살피고, 그 결과를 화학식으로 기술하여라.

이온 \ 시약	NH_4OH	Na_2SnO_2
Bi^{3+}		

⑤ Cd^{2+}에 KCN 가하여 어떻게 되는가 보고, 생성된 액에 H_2S를 통해 보고, 그 결과를 화학식으로 나타내어라.

이온 \ 시약	KCN	H_2S
Cd^{2+}		

⑥ 이상의 실험 결과를 종합하여 다음 경우를 생각하여 보아라.

ⓐ Hg^{2+}, Cu^{2+}, Bi^{3+}, Cd^{2+}의 특성과 여러 가지 시약에 대한 반응의 차이점을 생각해 보아라.

ⓑ Hg^{2+}, Cu^{2+}, Bi^{3+}, Cd^{2+}이 혼합되어 있을 때 이 세 이온을 각각 분리하고 검출할 수 있는 법을 생각해 보아라.

ⓒ 지도 교수로부터 실제로 이 네 이온을 혼합한 검체를 얻어, 각각 분리 검출하여 그 실험법과 결과를 보고하여라.

---

(3) 황화물(Ⅱ)의 성질

① Co^{2+}, Ni^{2+}, Zn^{2+}를 각각 시험관에 조금씩 넣고 H_2S가스를 통해 보아라. 또한 이와 같은 실험을 NH_4OH 알칼리성에서 해 보고, 침전이 생기면 그 빛깔을 잘 살피고 결과를 화학식으로 나타내어라.

이온 \ 시약	H_2S (중성이나 산성액에서)	H_2S (NH_4OH 알칼리성액에서)
Co^{2+}		
Ni^{2+}		
Zn^{2+}		

② 실험 (3)-①에서 생긴 CoS, NiS, ZnS를 각각 시험관에 넣고 4M HNO_3와 가열한 다음 원심 분리하고, 그 상층액을 일단 NaOH로 중화해 보고 다시 8M NaOH를 더 가해 주어라. 이 결과를 화학식으로 써라.

시약	HNO_3를 가할 때	NaOH로 중화했을 때	NaOH를 더 가했을 때
CoS			
NiS			
ZnS			

③ Zn^{2+}을 시험관에 조금 넣고, NaOH로 알칼리성으로 맞추어라. 다시 NaOH를 더 많이 가하여 보아라. 다음에 CH_3COOH로 산성으로 하고 이 액을 dithizone액을 묻혀 말린 거름종이 위에 한 방울 떨어뜨려 보아라. 이 결과를 다음 표에 기입하여라.

이온 \ 시약	NaOH 한 방울 가했을 때	과량의 NaOH를 가했을 때	CH_3COOH를 가하고 dithizone과 반응시킬 때
Zn^{2+}			

④ Ni^{2+}을 조금 시험관에 넣고, NH_4OH로 액성을 알칼리성으로 조절한 다음 dimethylglyoxime액을 몇 방울 떨어뜨려 보고 그 결과를 화학식으로 나타내어라.

이온 \ 시약	NH_4OH를 가했을 때	dimethylglyoxime을 가했을 때
Ni^{2+}		

⑤ Co^{2+}을 시험관에 조금 넣고, CH_3COOH를 가하고 KNO_2액을 가해 보아라. 이 때의 결과를 화학식으로 기술하여라.

이온 \ 시약	CH_3COOH와 KNO_2액을 가했을 때
Co^{2+}	

⑥ 이상의 실험 결과를 종합하여 다음 경우를 생각하여 보아라.

ⓐ Zn^{2+}, Ni^{2+}, Co^{2+}의 화학적 성질의 차이점을 종합하여 생각해 보라.

ⓑ Cu^{2+}과 Zn^{2+}이 혼합되어 있을 때 이 두 이온을 분리할 수 있는 방법을 고안해 보라.

ⓒ Zn^{2+}을 검출할 수 있는 방법을 말하여라.

ⓓ Ni^{2+}과 Co^{2+}을 검출할 수 있는 방법을 말하여라.

ⓔ Zn^{2+},Ni^{2+},Co^{2+}이 같이 혼합되어 있을 때, 이들을 각각 분리시켜 검출할 수 있는 방법을 고안하여 표로 만들어 보라.

ⓕ 실제로 지도 교수로부터 Zn^{2+},Ni^{2+},Co^{2+}의 세 이온을 혼합한 액을 받아, 분리 검출하여 보아라.

(4) 황화물(Ⅲ)의 성질

① Mn^{2+}과 Fe^{2+}을 각각의 시험관에 조금씩 넣고 산성액과 NH_4OH 알칼리성액에서 H_2S를 통해 보고, 이 때 생기는 침전이 6 M CH_3COOH에 녹는가 시험하여 그 결과를 다음 표에 화학식으로 써 넣어라.

시약 / 이온	H_2S 산성에서	H_2S NH_4OH 알칼리성에서	H_2S로 생긴 침전에 CH_3COOH를 가할 때
Mn^{2+}			
Fe^{2+}			

② Mn^{2+}을 조금 시험관에 넣고 NaOH를 가할 때 생기는 침전이 1 M HNO_3에 녹는가 시험해 보아라. 녹지 않으면 이 침전에 소량의 PbO_2 가루와 HNO_3 액 조금을 가하고 가열한 다음 가만히 방치하여 그 상층액의 빛깔이 어떠한가를 살피고, 그 결과를 화학식으로 기술하여 다음 표를 완성하여라.

시약 / 이온	NaOH를 가할 때	HNO_3를 가할 때	NaOH에서 생긴 침전에 PbO_2와 HNO_3를 가하고 열할 때
Mn^{2+}			

③ Fe^{2+}, Fe^{3+}을 각각 조금씩 세 개의 시험관에 넣고, NH_4NCS, $K_4Fe(CN)_6$, $K_3Fe(CN)_6$ 수용액을 각각 몇 방울씩 가해 보고 그 결과를 다음 표에 화학식으로 써 넣어라.

시약 / 이온	NH_4NCS액	$K_4Fe(CN)_6$액	$K_3Fe(CN)_6$액
Fe^{2+}			
Fe^{3+}			

④ 이상의 실험 결과를 종합하여 다음 경우를 생각하여 보아라.

ⓐ Mn^{2+} 은 어떻게 검출할 수 있는가?

ⓑ Fe^{2+} 과 Fe^{3+} 간의 화학적 반응의 차이점은 무엇인가?

ⓒ Mn^{2+} 과 Fe^{2+} 이 섞여 있을 때 이들을 서로 분리할 수 있는 방법을 고안해 보아라.

(5) 황화물(Ⅳ)의 성질

① Al^{3+} 과 Cr^{3+} 을 조금씩 시험관에 넣고, 산성 및 알칼리성에서 H_2S 를 통해 보아라. 아무 변화가 없으면 이 액에 NaOH 를 가하고 Br_2 수를 가한 다음 주의하여 가열해 보라. 빛깔의 변화가 생기는가? 이 액을 다시 HNO_3 로 산성으로 한 다음 NH_4OH 로 알칼리성으로 액성을 맞추어 보아라. 변화가 없는 액에 Pb^{2+} 을 조금 가해 보아라.

이 모든 변화를 화학식으로 보고하여라.

시액 / 이온	산성에서	알칼리성에서 H_2S*	NaOH+Br_2	HNO_3+NH_4OH	Pb^{2+} 을 가할 때
Al^{3+}					
Cr^{3+}					

* 이 때 생긴 침전은 H_2S 와 반응하여 생긴 것이 아니고, NaOH 와 반응해서 생긴 것이다.

② Al^{3+} 에 NaOH 액을 가하고 생긴 침전에 다시 계속하여 더 가해 보라. 다음에 HCl로 꼭 중화가 되도록 하고, 다시 HCl 을 더 가해 보라. 이 변화를 화학식으로 나타내어라.

시약 / 이온	NaOH 소량	NaOH 과량	HCl 을 과량 가할 때	HCl 로 중화할 때
Al^{3+}				

③ Al^{3+} 에 aluminon 액을 몇 방울 가하고, 5 M NH_4OH 를 겨우 알칼리성이 될 때까지 가하여라. 잘 흔들어 준 다음 원심분리하고 침전을 물로 씻어보라. 이 때의 변화를 살펴보아라.

④ 이상의 실험 결과를 종합하여 다음 경우를 생각하여 보아라.

ⓐ Al^{3+} 과 Cr^{3+} 의 화학적 성질의 차이점은 무엇인가?

ⓑ Al^{3+} 의 검출법을 말하여라.

ⓒ Cr^{3+} 의 검출법을 말하여라.

ⓓ Al^{3+}과 Cr^{3+}이 혼합되었을 때, 이들을 서로 분리 검출하는 방법을 고안해 보아라.

ⓔ 두 쪽성 원소란 무엇이며, 그 성질을 자세히 설명하여라.

ⓕ 실제로 지도 교수로부터 Al^{3+}과 Cr^{3+}의 혼합액을 받고 이를 분리 확인하여라.

---

(6) 양이온의 불꽃 반응

양이온으로 다음과 같이 불꽃색을 조사해 보라. 백금선이나 연필알 같은 것을 HCl에 담가서 적신 후 불꽃에 넣어 열착하여 깨끗히 씻은 다음, 양이온을 묻히고 다시 불꽃에 넣어 열착하여 이 때 생기는 불꽃의 빛깔을 관찰하여라. 빛깔이 잘 생기지 않을 때는 백금선을 HCl에 적신 다음 다시 검체를 찍어 열착해 보아 이 때 생기는 불꽃의 빛깔을 다음 표에 정리하여라.

양이온	불 꽃 색
Na^+	
K^+	
Sr^{2+}	
Ca^{2+}	
Ba^{2+}	

각 이온의 불꽃 반응의 특유한 빛깔로 이런 종류의 양이온을 쉽게 검출할 수 있다.

<table>
<tr><td rowspan="2">실험-47</td><td>실험대 번 호</td><td colspan="2">학과 년 번</td><td>실 험 일 자</td><td>제 출 일 자</td><td>검인</td></tr>
<tr><td></td><td>이름</td><td></td><td>년 월 일</td><td>년 월 일</td><td></td></tr>
</table>

13장 금 속 학

실험-48. 광석의 야금

실험 목적

자연에서 산출되는 유용한 금속의 광석은 대개 산화물, 황화물, 탄산염 등 물에 녹지 않는 화합물의 상태로서 암석 중에 섞여 있는 것이다. 이 광석을 분쇄하여 불순물인 돌가루와 유효 성분을 부선법 등으로 선별하여 광석을 농축시켜 제련 과정으로 넘긴다. 제련 과정에서는 황화물이나 탄산염의 형태로 존재하는 광석은 배소시켜 산화물로 만들고, 이 산화물을 적당한 환원제와 함께 광로에서 가열하여 환원된 거친 금속을 얻는다. 이 거친 금속은 전기 정련법으로 순도를 높여 준다. 이 실험에서는 이런 전형적인 경우를 알아본다.

기 구

경질 시험관(8인치), 비이커, 연소관, 기체 유도관, 분젠 버어너, 고무 마개, 스탠드, 클램프, 수류 펌프, 약절구, 축전지

시 약

Sb_2S_3, SiO_2, ZnS, CuO, 0.5M H_2SO_4, 1M NaOH, 석회수, 거친 구리판 조각, 아마인유, 테레빈유, 순수한 구리판 조각, 페놀프탈레인, 시험관 집게

실험법 및 결과 보고

(1) 부선법

① Sb_2S_3 1g과 SiO_2 5g을 약절구에 섞어 넣고 곱게 갈아라. 20 ml의 물을 넣고 다시 갈아서 물이 분말에 고루 스며 들게 하여라. 다음 이것을 시험관에 옮겨 세게 흔들어 준 다음 정치시켜 두어 보아라. 어떻게 되는가?

---

② 여기에 아마인유와 테레빈유가 2 : 3의 비율로 섞인 기름을 다섯 방울 가하고 다시 잘 흔들어 준 다음 정치하여 두어라. 어떤 변화가 일어나인가?

---

③ 이 기름 층에 달라 붙은 것은 무엇인가?

---

(2) 배소 과정

① 그림-92와 같은 장치를 꾸며라. 장치 중의 연소관에 5g의 ZnS를 갈아서 넣어라. 시험관에는 1M NaOH 1 ml를 넣고 물 15 ml를 가하여 희석하고, 페놀프탈레인 한 방울을 가하여라. 장치의 마개와 연결 부위가 새지 않는가를 확인하고 분젠 버어너

로 ZnS를 가열하면서 기체 유도관의 끝을 수류 펌프에 연결하여 주어라. 어떤 변화가 일어나는가?

이 때의 변화를 화학 방정식으로 나타내어라.

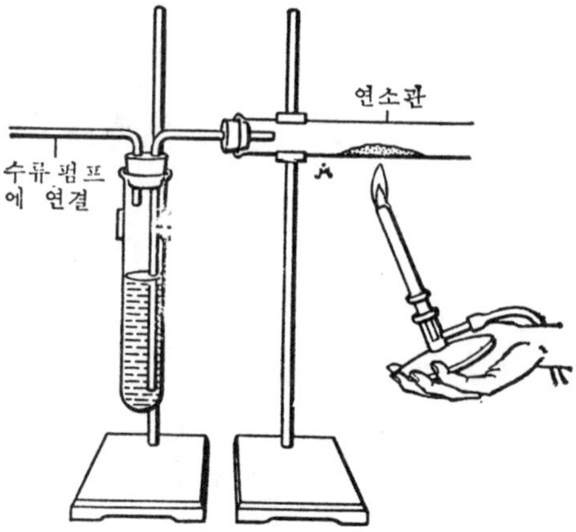

그림-92.

(3) 산화물의 환원

① 경질 시험관에 산화구리 1g, 숯가루 2g을 잘 섞어 넣고 기체 유도관이 달린 마개로 막아라.

② 이 시험관을 시험관 잡이로 잡고 기체 유도관의 끝을 다른 시험관에 담긴 석회수에 담그고 분젠 버어너로 강한 열을 가하여라. 석회수에 백탁이 생기는가?

이 변화를 화학 방정식으로 써라.

③ 숯가루가 모두 타거든 기체 유도관의 끝을 용액 밖으로 빼내고 버어너의 불을 꺼라. 실온에서 식힌 다음 내용물을 물이 담긴 50 ml의 비이커에 쏟아 넣어라. 재를 녹여 내고 밑에 가라앉는 물질을 잘 살펴 보아라. 어떻게 달라졌는가?

(4) 전기 정련

① 200 ml 비이커에 100 ml의 0.5M H_2SO_4를 넣고 5 g의 NaCl을 녹여 주어라.

② 순수한 구리판 조각을 축전지의 (−)극에, 불순한 구리판 조각을 (+)극에 잡아매어 황산에 담그고 전류를 통하여 주어라. 어떤 변화가 일어나는가?

이 때 각 전극에서 일어나는 변화를 이온식으로 써라.

③ 15분동안 전류를 통하여 준 다음 구리조각을 조사해 보아라. 어떻게 변하였는가?

④ 전기도금의 원리를 설명하여라. 쇠조각에 니켈을 도금하려면 어떻게 하면 되겠는가?

<table>
<tr><td rowspan="2">실험-48</td><td>실험대 번호</td><td colspan="2">학과 년 번</td><td>실험일자</td><td>제출일자</td><td>검인</td></tr>
<tr><td></td><td>이름</td><td></td><td>년 월 일</td><td>년 월 일</td><td></td></tr>
</table>

실험-49. 합금의 성질

실험 목적

합금은 두 가지 이상의 금속을 섞어서 녹여 만든 고체 상태의 용액이다. 합금은 그 성분 금속의 성질과 유사한 성질을 갖는 것도 있으나 그 융점, 경도, 전기 전도성 등이 대단히 광범하게 변하는 특성이 있다. 이 실험에서는 합금의 몇 가지 특성을 간단한 예를 들어 살펴보기로 한다.

기 구

시험관, 시험관 잡이, 시계 접시, 비이커, 증발 접시, 온도계, 시계, 못, 클램프, 스탠드 및 링

시 약

Wood 금속(퓨우즈), Na 금속, Hg, 파라핀 오일, 여과지, Sn 금속, Pb 금속

실험법 및 결과 보고

(1) 합금의 융점 및 냉각 곡선

① Wood 금속(퓨우즈), 30~40 g을 시험관에 넣고 클램프로 잡아 물이 담겨 있는 비이커에 바로 세우고, 물을 서서히 가온하여 주어라.
합금이 녹기 시작하거든 다 녹을 때까지 온도계로 저어 주어라. 완전히 다 녹았을 때의 온도를 재어 기록하여라.

다 녹은 온도 : ______________________ °C

화학 편람에서 Wood 합금의 조성과 각 성분 금속의 융점을 조사하여 평균그 융점의 치를 내어 보아라.

평균치 : ______________________ °C

이 온도와 실제의 융점을 비교하여 보아라. 차이가 얼마나 나는가?

차이 : ______________________ C°

② 다음 버어너의 불을 끄고, 합금이 다시 굳기 시작할 때부터 온도계를 녹은 합금에 담가 둔 채 매 30초마다 그 온도를 읽어 기록하여라. 온도가 약 10°C가 될 때까지 계속하여라.

시간(초)	온도(°C)	시간(초)	온도(°C)	시간(초)	온도(°C)	시간(초)	온도(°C)

③ 실험 ②에서 측정한 결과를 시간을 가로축, 온도를 세로축으로 잡아 그래프로 그려라.

냉각 곡선의 수평 부분은 어떤 상태를 나타내 주는가?

이 냉각 곡선을 이용하여 이 금속의 융해열을 구하여라.

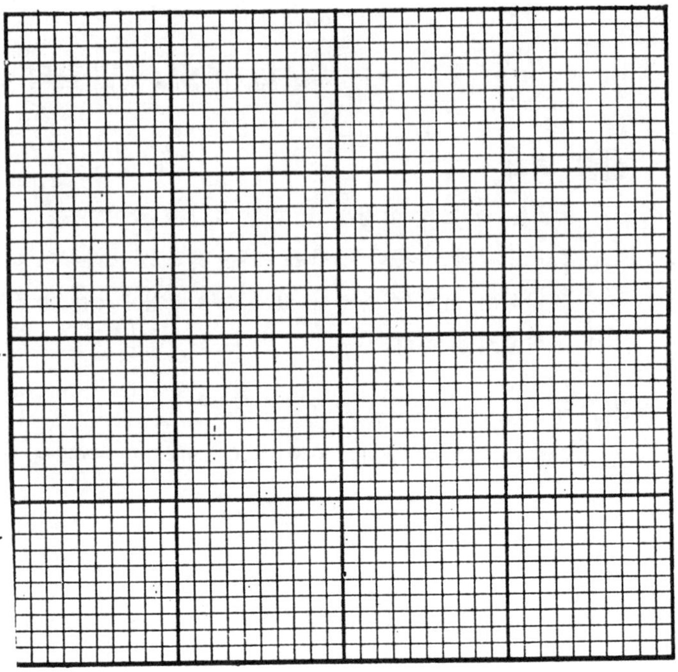

그림-93. 그래프 용지

(2) **아말감**

① 시계 접시에 Na 금속을 녹두 알 만큼 취하여 거름 종이로 표면의 기름을 닦아 내고 못 끝으로 표면을 긁어 속을 노출시켜라. 이 때 손에 금속이 닿지 않도록 조심하여라. 이 Na 금속의 색깔과 경도를 조사하여라.

색깔 : ________________ 경도 ____

② 시험관에 파라핀 오일 10 m*l* 를 취하고 나트륨 금속을 이 위에 띄워라. 여기에 두 방울의 수은을 가하여 주어라. 수은의 양이 모자라거든 약간 더 넣어 주어라. 어떤 변화가 일어나는가?

이 합금의 상태의 경도를 앞에서 살펴본 Na 금속의 것과 비교하여 보아라. 어떻게 달라졌는가?

---

④ 이 합금을 핀셋으로 꺼내어 물이 담겨 있는 100 m*l* 비이커에 집어 넣고 유리판으로 비이커를 덮고 관찰하여 보아라. 다른 비이커를 준비하여 나트륨 금속을 소량 취하여 표면의 기름을 거름종이로 닦아 이 중에 넣고 유리판으로 덮고서 변화를 관찰하여라. 합금의 경우와 그 반응성을 비교하여 보아라.

---

(3) 용접제

① 주석과 납 5g씩을 경질 시험관에 넣고 버어너에서 가열하여 녹여 주어라. 이 합금의 융점은 얼마인가?

합금의 융점 : ________ °C

합금의 융점을 성분 금속의 융점과 비교하여 보아라.

____

② 녹은 합금을 증발 접시에 쏟아 내어라. 합금이 식거든 못으로 긁어보아 그 경도가 성분 금속에 비하여 어떻게 달라졌는지를 비교하여 보아라.

____

③ 구리 조각을 핀셋으로 잡고 버어너에서 강렬하여 그 표면을 산화시킨 다음 식혀라. 이 구리 조각에 주석의 합금을 얹어 넣고 가열하여 보아라. 달라 붙는가?

____

다음에는 이 구리 조각에 염화암모늄을 약간 뿌리고, 그 위에 합금을 놓고 잠시 가열하여 보아라. 어떻게 되는가?

____

이 때 염화암모늄은 어떤 역할을 하는가?

____

④ 청강수란 어떤 것인가?

____

실험-49	실험대 번호	학과 년 번		실험일자	제출일자	검인
		이름		년 월 일	년 월 일	

14장 유기 화학

실험-50. 중요한 유기 화합물의 성질

실험 목적

유기화합물은 탄소와 수소가 그 주성분 원소인데, 포화 화합물과 불포화 화합물로 크게 나뉜다. 포화 화합물은 탄소의 4원자가가 모두 만족되어 있는 물질군이고 불포화 화합물은 >C=C< 또는 —C≡C— 결합을 가지고 있어서, 아직 탄소의 4원자가가 포화되어 있지 않은 물질군이다. 대체로 불포화 화합물은 포화 화합물에 비하여 그 반응성이 훨씬 크다. 유기물 분자 중의 수소원자를 하나 또는 그 이상을 그 물질의 성질을 지배하여 주는 특성기로 바꾸면 다음과 같은 여러 가지 계열의 물질이 된다.

특성기	화합물의 계열	가장 간단한 물질의 시성식과 물질의 명칭	
—X(할로겐)	유기할로겐화물	CH_3Cl	염화메틸
—OH	알코올	CH_3OH	메틸알코올
—O—	에테르	$CH_3—O—CH_3$	메틸에테르
—COH	알데히드	HCHO	포름알데히드
$—\overset{O}{\overset{\|\|}{C}}—$	케톤	$CH_3—\overset{O}{\overset{\|\|}{C}}—CH_3$	아세톤
$—NH_2$	아민	$CH_3—NH_2$	메틸아민
		$C_6H_5—NH_2$	아닐린
$—\overset{O}{\overset{\|\|}{C}}—OH$	유기산	H—COOH	포름산

각 계열의 물질은 각 특성기로 인하여 나타내는 공통성을 가지고 있다. 이 실험에서 불포화 결합 및 몇 가지 전형적인 특성기를 정성적으로 가려내는 방법을 실험적으로 익혀 본다.

기 구

시험관, 유리 대롱(내경 1.5 cm, 길이 30 cm), 기체 유도관, 핀셋, 드롭퍼, 분젠 버어너

시 약

프로판, *n*-헥산, 사이클로헥산, 에틸알코올, 부틸알코올, 아세트산, 벤조산, 아닐린, 브롬화부틸, 포름알데히드(5%), 설탕, 젖당, 페엘링 용액(A,B), 0.1 M $AgNO_3$, 0.1 M HCl, 0.1M NaOH, 0.1M NaBr, $CuSO_4$ (무수), 금속 Na, 브롬수, 구리선, 리트머스 종이

실험법 및 결과 보고

(1) 불포화기의 확인

① *n*-헥산과 사이클로헥산을 각각 시험관에 2 m*l* 씩 취하고 여기에 브롬수 몇 방울을 가

하고 흔들어 보아라. 어떤 변화가 일어나는가?

이러한 반응을 무슨 반응이라 말하는가?

이 때의 변화를 화학 방정식으로 나타내어라.

② 브롬수 5 ml를 시험관에 취하고 후우드 중에서 프로판 기체를 약하게 통하여 주어라. 가스 밸브를 잘 조정하여 가스가 많이 새어나오지 않도록 하여라. 어떤 변화가 일어 나는가?

이 변화를 화학 방정식으로 기술하여라.

(2) **알코올기의 확인**

① 시험관에 에틸알코올, *n*-부틸아코올 및 메틸알코올을 각각 3 ml씩 취하고 여기에 무수 $CuSO_4$를 소량 가하여 보아 이것이 푸른색으로 변하지 않거든 다음 실험을 하여 보아라. 푸른색으로 변화되는 것은 무엇을 알려주는가?

푸른색으로 변하는 것을 그대로 쓰면 왜 안 되는가?

② 시험관 각각에 금속 Na을 소량씩 집어 넣어 보아라. 어떤 변화가 일어나는가?

기체가 다 발생된 다음 시험관에 성냥불을 켜 대어 보아라. 어떤 현상이 발생하는가?

이 때 발생한 기체는 무엇인가?

③ *n*-헥산 2 ml를 시험관에 취하여 $CuSO_4$(무수)를 소량 가하여 물기를 제거하고, 금속 Na을 조금 넣어 보아라. 변화가 있는가?

이 사실로써 기체로 발생되어 나온 수소는 어떻게 결합되어 있는 수소라고 생각할 수 있는가?

④ 이 때의 변화를 화학 방정식으로 기술하여라.

3) 유기산 및 염기의 확인

① 아세트산, 벤조산 및 아닐린을 각각 시험관에 소량씩 취하여, 물, 0.1 M HCl 및 0.1M NaOH에 대한 용해도를 조사하여라.

	물	0.1 M HCl	0.1 M NaOH
아세트산			
벤조산			
아닐린			

② 물에 녹은 상등액을 리트머스 종이로 실험하여 그 액성을 조사하여라.

③ 유기물질 분자가 염기성이나 산성을 띠는 까닭을 설명하여라.

(4) 할로겐 원소의 확인

① 시험관에 0.1M $AgNO_3$ 수용액 2 m*l* 를 취하고 여기에 0.1M NaBr 수용액 2 m*l* 를 가하여 보아라. 어떻게 변하는가?

이 침전은 무엇인가?

② 다른 시험관에 0.1M $AgNO_3$ 수용액 2 m*l* 를 취하고 여기에 브롬화부틸 2 m*l* 를 가하여 보아라. 곧 침전이 생기는가?

왜 침전이 바로 생겨나지 않는가?

③ 브롬화부틸과 $AgNO_3$의 혼합물을 한 끝이 막힌 30 cm 정도의 유리 대롱에 옮기고 약 15분동안 끓여 주어라. 어떤 변화가 일어나는가?

이 실험은 무엇을 알려 주는가?

④ 실험 (4)-③과 같은 내용의 실험을 0.1M NaOH 몇 방울을 가하고 해보아라. 실험 ③에 비하여 다른 점이 있는가?

이러한 현상이 나타나는 까닭을 설명하여라.

⑤ 구리선의 끝을 둥글게 말아 작은 고리를 만들어 이것을 센 불꽃에서 가열하여 산화물의 피막을 형성시켜라. 이 끝을 브롬화부틸에 담갔다가 불꽃에 대어 보아라. 불꽃 색깔이 변하는가? 이 까닭을 설명하여라.

(5) 환원성 특성기의 확인

① 시험관에 페엘링 용액 A와 B를 5 m*l* 를 섞어 주어라. 이 용액은 무슨 색깔인가?

그 하나에는 5% 포름알데히드 다섯 방울을 가하고 약간 가온하여 주어라. 어떤 변화가 일어나는가?

이 때 생긴 침전은 무엇인가?

이 변화를 이온 방정식으로 기술하여라.

② 페엘링 용액을 10 m*l* 를 시험관에 취하고 아세톤 다섯 방울을 가하고 실험 (5)-①에서와 같이 가온하여 보아라. 변화가 있는가?

이 반응으로써 알데히드와 케톤을 구별할 수 있는가?

③ 세 개의 시험관에 페엘링 용액 10 m*l* 씩을 취하고 그 각각에 포도당, 설탕 및 젖당을 소량씩 넣어 가열하여 보아라. 어떤 경우에 침전이 생성되는가?

이 사실로써 무엇을 알 수 있는가?

---

④ 설탕은 왜 환원성이 없는가?

실험-50	실험대 번호	학과 년 번		실험일자	제출일자	검인
		이름		년 월 일	년 월 일	

실험-51. 에스테르화 반응

실험 목적

유기산과 알코올을 진한 황산 존재하에서 반응시키면 산의 OH 원자단과 알코올의 H 원자 사이에서 물이 떨어지면서 에스테르가 생성된다. 이 반응을 에스테르화 반응이라 말한다. 에스테르는 과실의 향내가 나는 휘발성이 강한 물질로서 인공 향료로 쓰인다. 자연의 꽃향기나 과실의 향기는 모두 이 에스테르 계열의 화합물과 관련이 있다. 이 실험에서는 에스테르를 합성하여 그 성질을 조사하여 본다.

기 구

밑둥근 플라스크, 냉각관, 삼각 플라스크, 클램프, 스탠드 및 링, 석면 그물망, 분젠 버어너, 분액 깔때기

시 약

n-부틸알코올, 빙초산, *c*-H_2SO_4, Na_2CO_3, $CaCl_2$(무수)

실험법 및 결과 보고

(1) 에스테르의 합성

① 그림-94와 같은 장치를 꾸며라. 장치 중의 플라스크에 *n*-부틸알코올 12 m*l*, 빙초산 9 m*l*를 섞어 넣고, 진한 황산 1 m*l*를 가해 주어라.

② 냉각관이 연결된 마개를 단단히 막고 냉각수를 서서히 순환시키면서 버어너로 플라스크를 세지 않게 가열하여 주어라. 이렇게 1시간동안 환류시켜 준다.

③ 한 시간 후에 버어너의 불을 끄고 식힌 다음, 60° 가량 구부린 유리곡관과 맞게 마개를 써서 그림-95와 같이 장치를 바꾸어 플라스크의 내용물을 증류하여라. 냉각관의 냉각수는 반드시 아래에서 넣어 위로 빼내어야 한다.

④ 유분을 500 m*l* 비이커 중의 냉수에 담가 놓은 100 m*l* 삼각 플라스크에 받아 모아라. 증류는 플라스크의 내용물이 3 m*l* 가량 남을 때까지 계속한다.

⑤ 유분을 분액 깔때기에 옮기고 Na_2CO_3 포화 용액 20 m*l*를 가하고 잘 흔들어 준 다음 정치하여 Na_2CO_3 용액을 빼 내어라. 유분이 산성을 띠지 않을 때까지 충분히 씻어 주어라. 액성은 리트머스 종이를 써서 실험한다.

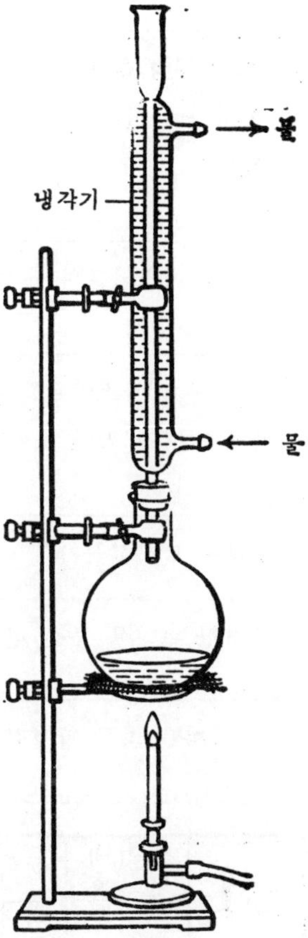

그림-94.

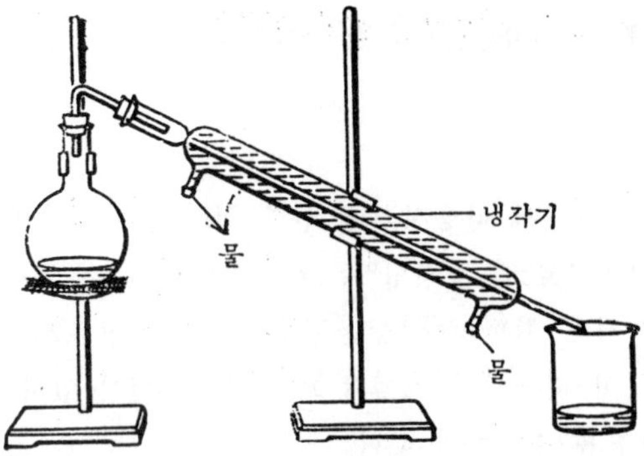

그림-95.

⑥ 다시 10 m*l* 의 증류수로 씻어 주고 분액 깔때기로 분리하여 물층을 버리고, 얻은 에스테르를 100 m*l* 삼각플라 스크에 옮기고 무수 $CaCl_2$ 조각을 약간 가하고 마개를 막아 실험대 위에 하룻밤 동안 방치하여 두어라.

⑦ $CaCl_2$를 걸러 버리고 얻은 에스테르의 무게를 달아라.

---

⑧ 이 합성의 수율은 얼인가?

---

⑨ 이론상의 수율을 계산하고 이와 실수율을 비교하여 보아라.

---

(2) 에스테르의 성질

① 시험관에 에스테르를 소량 취하여 약한 불로 가온하여 보아라. 냄새가 더 많이 나는가?

이것은 에스테르의 무슨 성질에 기인하는가?

---

② 시험관에 에스테르를 소량 취하고 NaOH 몇 방울을 가하여 주고, 약간 가온하여 주면서 냄새를 맡아 보아라. 실험 (2)-①의 경우와 동일한가?

어떻게 달라졌는가?

이러한 변화를 무슨 반응이라 말하는가?

이 변화를 화학 방정식으로 나타내어라.

실험-51	실험대 번 호	학과 년 번		실 험 일 자	제 출 일 자	검인
		이름		년 월 일	년 월 일	

실험-52. 아스피린의 합성

실험 목적

오늘날 대부분의 실용성 있는 유기물질은 천연 자원에 의존하기 보다 실험실에서의 합성 방법을 거쳐 공장에서 대량 생산하고 있다. 이 실험에서는 중요한 의약품 중의 한 가지인 아스피린을 실험실적인 방법으로 합성하여 본다.

기 구

삼각 플라스크, 비이커, 클램프, 스탠드 및 링, 석면 그물망, 흡인 깔때기, 교반봉, 분젠 버어너, 여과기, 융점 측정 장치(실험-5에서 쓴 것)

시 약

무수초산, 살질산, H_3PO_4(85 %), 얼음

실험법 및 결과 보고

(1) 아스피린의 제법

① 살질산 5 g을 50 ml 삼각 플라스크에 넣고 여기에 무수초산 5 ml를 기벽에 흘려 넣어 용기벽에 묻은 살질산을 모두 씻어 내려라.

② 이 플라스크를 물이 담긴 비이커에 담그고 클램프로 잡아 매어라. 촉매로 85% 인산 다섯 방울을 가하고 물을 가온하여 70~85°C에서 10분동안 가온하여 주어라.

③ 반응이 끝나면 약 2 ml의 물을 플라스크에 조금씩 가하여 주어라. 이 때 미반응 물질인 무수초산이 분해되어 초산의 증기가 발생한다. 용액에서 산의 증기가 더 이상 발생하지 않거든 비이커에서 플라스크를 꺼내어라.

④ 물 20 ml를 플라스크에 가하고 실온으로 내용물을 식혀 주어라. 결정이 잘 생나지 않거든 교반봉으로 플라스크의 기벽을 긁어 주어라. 그래도 결정이 잘 생기지 않으면 얼음물에 담가 식혀 주어라.

⑤ 결정을 흡인 깔때기를 써서 걸러라. 결정을 5 ml의 얼음물로 한 번 씻어 버려라. 얻어진 결정을 여과지에 옮겨 공기 중에서 물기를 말려라.

(2) 아스피린의 융점 측정

① 실험-5에서 사용하였던 융점 측정 장치를 꾸며, 아스피린의 융점을 측정하여라. 세 번 측정하여 그 평균치를 융점으로 간주한다.

② 화학 편람에 실려 있는 아스피린의 융점과 비교하여 보아라.

(3) ①의 합성 과정을 화학 방정식으로 기술하여라.

② 수율의 이론치를 계산하여 실수율과 비교하여라.

<table>
<tr><td rowspan="2">실험-52</td><td>실험대 번호</td><td>학과 년 번</td><td>실험일자</td><td>제 출 일 자</td><td>검인</td></tr>
<tr><td></td><td>이름</td><td>년 월 일</td><td>년 월 일</td><td></td></tr>
</table>

15장 생 화 학

실험-53. 탄수화물

실험 목적

탄수화물은 그 조성식이 $C_x(H_2O)_x$ 인 물질로서 생명력의 중요한 자원의 **하나이다. 이 물질은 통칭 당**(saccharide)이라고 불리우는 데, 포도당이나 과당과 같이 더 이상 가수 분해되지 않는 당을 단당류, 2분자의 단당이 축중합된 설탕이나 맥아당 등은 이당류, 세 분자 이상의 단당에 축중합된 덱스토로스나 녹말 등을 다당류라 말한다. 인체 내의 작은 창자에서는 단당만을 흡수할 수 있다. 그런데 음식물 중에 포함되어 있는 당은 주로 녹말이므로 소화 과정에서 이 녹말이 효소 작용에 의하여 가수 분해되어 흡수 가능한 상태로 변화된다. 이러한 내용을 간단한 실험을 통하여 알아본다.

기 구

시험관, 비이커, 수조, 알코올 램프

시 약

녹말, 포도당, *c*-HCl, *d*-NaOH, I_2 용액, 페엘링 용액, 리트머스 종이

실험법 및 결과 보고

(1) 녹말의 성질

① 녹말 1g을 10ml의 증류수에 덩어리가 없도록 잘 풀어 100ml의 끓는 물에 부어 잠시 끓여서 식혀라. 또한 포도당 1g을 100l의 물에 녹인 수용액을 만들어라.

두 개의 시험관에 녹말 수용액과 포도당 수용액을 각각 2ml씩 취하고 각각에 요오드 용액 한 방울씩을 떨어뜨려 주어라. 어떤 변화가 일어나는가?

---

② 페엘링 용액 A, B를 각각 10ml씩 섞어 20ml 용액을 만들어 이것을 두 시험관에 3ml씩 나누어 넣어라. 이 각각에 포도당과 녹말 수용액 3ml씩을 가하고 수조 중에서 약간 가온하여 보아라. 어떤 변화가 일어나는가?

변화가 일어나지 않는 까닭은 무엇인가?

---

(2) 녹말의 가수 분해

① 녹말 수용액 5ml를 시험관에 취하고 여기에 침 2ml를 섞어 넣은 다음, 온도를 38~

40°C로 조절하여 준 수조에 30분동안 담가 두어라. 다음에 이 용액 2 ml씩을 두 시험관에 취하여 실험 (1), (2)에서 같은 요령으로 요오드 및 페엘링 용액 실험을 하여 보아라. 시험관의 내용물은 버리지 말고 보관하여라.

이 실험 결과로 미루어 녹말이 완전히 가수 분해되었다고 볼 수 있는가?

침과 같은 물질을 화학적으로 무엇이라 말하며 생화학적으로는 무엇이라 하는가?

---

② 녹말 용액 50 ml를 100 ml의 비이커에 담고 여기에 *c*-HCl 1 ml를 가하여 주어라. 이것을 끓는 물에 담가 30분동안 가온하여 주어라. 용액을 식힌 다음 묽은 NaOH 수용액으로 완전히 중화시켜 주어라.

이 용액을 가지고 페엘링 실험 및 요오드 실험을 하여 보고 이 결과를 실험 ③의 결과와 비교하여 보아라.

녹말+침	요오드 실험	페엘링 실험
녹말+*c*-HCl		

이 실험 결과는 어떤 사실을 알려 주는가?

---

(3) 녹말의 소화

① 녹말 수용액 5 ml를 시험관에 취하고 여기에 침 1 ml를 가하고, *c*-HCl 다섯 방울을 넣은 다음 34～40°C 정도로 온도를 맞추어 준 수조에 30분동안 담가 두었다가 실험 (2)와 같은 내용의 실험을 하여 보아라. 이 결과를 실험 (2)의 결과와 비교하여 보아라.

녹말+침 :

녹말+*c*-HCl :

녹말+침+*c*-HCl :

이 실험 결과를 종합하여 녹말의 소화를 간단히 설명하여라.

---

② 페엘링 실험으로 당뇨병을 검사하여 낼 수 있겠는가?

각자 자기를 검사하여 보아라.

<table>
<tr><td rowspan="2">실험-53</td><td>실험대 번호</td><td colspan="2">학과 년 번</td><td>실험일자</td><td>제출일자</td><td>검인</td></tr>
<tr><td></td><td>이름</td><td></td><td>년 월 일</td><td>년 월 일</td><td></td></tr>
</table>

실험-54. 지 방

실험 목적

지방은 고급 지방산과 글리세린 사이에서 물이 제거되면서 이루어진 에스테르이다. 불포화 지방산은 액체 상태인 기름이고, 포화 고급 지방산의 에스테르는 고체 상태인 굳기름이다. 지방은 소화 과정에서 효소의 작용으로 지방산과 글리세린으로 가수 분해되고, 다시 고급 지방산은 탄소수가 작은 지방산으로 분해되어 에너지 자원으로 쓰인다. 이 실험에서 지방의 불포화도 및 가수 분해 현상을 간단한 실험을 통하여 알아본다.

기 구

밑둥근 플라스크, 시험관, 비이커, 냉각관, 증발접시, 수조

시 약

쇠기름, 에틸알코올, NaOH, c-HCl, 요오드 용액, 올레산, 스테아르산, CCl_4

실험법 및 결과 보고

(1) 지방의 가수 분해

① 쇠기름 10 g을 달아 300 ml 밑둥근 플라스크에 넣고, 95% 에틸알코올 100 ml와 물 10 ml에 NaOH 4 g을 녹여 준 수용액을 섞어 넣어라.

알코올은 왜 가하여 주는가?

---

② 플라스크에 냉각관을 달고(그림-94 참조) 냉각수를 서서히 통하여 주면서 30분 동안 환류시켜라.

③ 반응 물질을 증발접시에 옮겨, 수조상에서 그 부피가 25 ml 가량 될 때까지 알코올을 증발시킨 다음 실온으로 식혀라. 이 때 얻어진 물질은 무엇인가?

이 물질이 생성되는 과정을 화학 방정식으로 나타내어라.

---

④ 증발 접시에 남은 물질을 500 ml 비이커에 담겨 있는 끓는 물에 옮겨 넣고, 진한 염산을 한 방울 가하여 주면서 가온을 계속하여 주어라. 어떤 변화가 일어나는가?

윗층에 떠오르는 것은 무엇인가? 이 때 일어나는 변화를 방정식으로 기술하여라.

---

⑤ 비이커에 생겨나는 윗층을 걷어내어라. 이 물질을 스테아르산과 비교하여 보아라.

---

⑥ 비이커에 남은 수용액 10ml를 취하여 증발접시에 넣고 서서히 물기를 모두 증발시키고 남은 물질의 성질을 조사하여 보아라.

냄새 :

색깔 :

물에 대한 용해도 :

촉감 :

(3) ① 세 개의 시험관에 올레산, 스테아르산 및 실험 (1)-⑤에서 얻은 물질을 소량씩 취하여라. 각각에 CCl_4 3 ml씩을 가하고, 여기에 요오드 용액 두 방울씩을 가하여 주면서 변화를 살펴 보아라. 각 경우의 차이점과 공통점은 무엇인가?

	차 이 점	공 통 점
올레산		
스테아르산		
시료		

② 이 실험 결과로써 실험 (1)에서 얻은 지방산은 어떤 물질에 가까운 성질을 가지고 있는가를 말하여라.

---

(3) 생체 내에서는 NaOH가 하여 주는 역할을 무엇이 해 내는가?

실험-54	실험대 번호	학과 년 번	실험일자	제출일자	검인
		이름	년 월 일	년 월 일	

실험-55. 단 백 질

실험 목적

단백질은 같거나 또는 서로 다른 아미노산이 축중합되어 이루어진 고분자화 혼합물이다. 이 때 한 아미노산 분자 중의 NH_2기와 다른 아미노 산분자 중의 $-COOH$기 사이에서 물이 제거되면서 $-\overset{\overset{\displaystyle O}{\|}}{C}-\overset{\overset{\displaystyle H}{|}}{N}-$ 결합이 이루어지는데 이 결합을 펩티드 결합이라 말한다. 단백질은 생체 조직의 근간이 되는 성분이므로 대단히 중요한 필수 영양소이다. 단백질은 그대로 생체에 흡수될 수 없고, 몸 안의 효소의 작용으로 다시 아미노산으로 분해되고, 이 아미노산이 흡수되어 몸 안에서 다시 단백질을 합성하여 필요한 조직을 이룬다. 이 실험에서는 몇 가지 단백질의 특성을 실험적으로 조사하여 본다.

기 구

시험관, 삼각 플라스크, 깔때기, 알코올 램프

시 약

2% 알부민분산액, 젤라틴, 에틸알코올, $HgCl_2$, 0.01N $CuSO_4$, NaOH, *c*-HNO_3, *d*-HCl 페놀(무색), 밀론 시약, 익힌 계란 흰자

실험법 및 결과 보고

(1) 단백질의 성질

① 시험관에 2% 알부민분산액 3 m*l* 를 취하고 에틸알코올 2 m*l* 를 가하여 보아라. 어떻게 되는가?

② 2% 알부민분산액 3 m*l* 를 시험관에 취하고 $HgCl_2$ 수용액 2 m*l* 를 가하여 주어라. 어떤 변화가 일어나는가?

왜 이러한 현상이 일어나는가?

③ 세 개의 시험관에 알부민분산액 3 m*l* 씩을 취하여라. 첫째 시험관에는 0.01N $CuSO_4$ 용액 1 m*l* 를 가하고 묽은 NaOH 수용액 몇 방울을 가하여 주고 흔들어 준 다음 그 빛깔을 살펴 보아라. 둘째 한 시험관에는 밀론 시약 몇 방울을 가하여 주고 흔들어 그 색깔을 조사하여라. 셋째 시험관에는 진한 질산 1 m*l* 를 가하고 색깔을 조사하여라.

시험관 1(뷰렛 시험) : 색

시험관 2(밀론 시험) : 색

시험관 3(크산토프로테인 시험) : ______ 색

④ 알부민수용액 2 ml 를 시험관에 취하여 NaOH 수용액 2 ml 를 가하고, 시험관을 잘 흔들어 주면서 알코올램프에서 세게 가열하여 주어라. 이 때 어떤 냄새가 나는가?

______

왜 이러한 변화가 일어나는가?

______

(2) 단백질의 가수 분해

① 삶은 계란 흰자 조각을 125 ml 삼각 플라스크에 담고, 묽은 염산 50 ml 를 가하여 주어라. 플라스크의 주둥이에 깔때기를 끼우고 후우드에 옮겨 가열하면서 끓기 직전의 온 도에서의 변화를 관찰하여라. 흰자가 다 없어지지 않거든 묽은 염산을 약간 더 가하여 주어라.

계란 흰자가 녹는 까닭을 설명하여라.

______

______

② 흰자가 모두 녹거든 가열을 중단하고 실온으로 식힌 다음, 묽은 NaOH 로 리트머스 종이로 실험하면서, 완전히 중화시켜라.

③ 중화된 결과 용액을 가지고 (1)-③에서와 같은 요령의 실험하여 보아라.

(3) ① 실험 (1)과 (2)의 결과를 종합하여 단백질과 아미노산의 다른 점을 설명하여라.

______

______

② 단백질과 아미노산의 구조를 밝히고 생체 조직의 탄력성을 이와 연관시켜 설명하여라.

______

______

<table>
<tr><td rowspan="2">실험-55</td><td>실험대 번호</td><td colspan="2">학과 년 번</td><td>실험일자</td><td>제출일자</td><td>검인</td></tr>
<tr><td></td><td>이름</td><td></td><td>년 월 일</td><td>년 월 일</td><td></td></tr>
</table>

실험-56. 혈액의 조성

실험 목적

혈액은 이온, 분자 및 단백질의 미립자가 함께 섞여 있는 복잡한 조성을 가지고 물질로서 여러 가지 다양한 기능을 가지고 있다. 이 실험에서는 혈액의 조성 성분을 정식적인 방법으로 찾아 확인하여 본다.

기 구

시험관, 시험관 받침대, 비이커, 알코올 램프, 원심분리기

시 약

혈액, 10% Na_2WO_4, 0.1N H_2SO_4, NH_4SCN, $AgNO_3$, $(NH_4)_2MoO_4$, Urease, 베네딕트 시약, 밀론 시약, 네슬러 시약

실험법 및 결과 보고

(1) 가용성분의 분리

① 혈액 2 ml를 시험관에 취하고 0.1N H_2SO_4 16 ml 와 10 % Na_2WO_4 수용액 2 ml를 가하고 흔들어 주어라. 어떻게 되는가?

---

② 가만히 정치하여 상징액이 아직 붉은색을 띄고 있거든 5N H_2SO_4 한 방울을 더 가하여 주어라. 잘 흔들어 준 다음 원심분리기를 써서 고형물과 가용성 부분을 분리하여 고형 물질과 용액을 가지고 다음 실험을 하여 보아라.

(2) 혈액의 성분 검출

① 철 분

실험 (1)-②에서 얻은 고형성 물질 소량을 도가니에 취하고 후우드에서 세게 가열하여 완전히 태워버려라. 이 재에 소량의 묽은 염산을 가하여 녹여라. 이 용액에 NH_4SCN 용액을 한 방울 가하여 보아라. 붉은색으로 변화되면 철분(Fe^{3+})이 함유되어 있는 것이다.

---

② 염 분

실험 (1)에서 얻은 용액 2 ml 을 시험관에 취하고 여기에 $AgNO_3$ 수용액 한 방울을 가하여 보아라. 어떤 침전이 생기는가?

이 침전은 무엇인가?

---

③ 인산염

실험 (1)에서 얻은 용액 2 ml을 시험관에 취하고, 질산으로 액성을 산성으로 맞추어 준 $(NH_4)_2MoO_4$ 수용액을 가하여 준 다음 약간 가온하여 주어라. 연황색의 침전이 생성되는 것은 인산기를 포함하고 있기 때문이다.

④ 실험 (1)-②에서의 용액 2 ml을 시험관에 취하고 베네딕트 용액 3 ml를 가하고 끓여 주어라. 어떤 변화가 일어나는가?

왜 이 결과로 포도당이 녹아 있다는 것을 알 수 있는가?

---

⑤ 요 소

실험 (1)-②에서의 용액 2 ml를 시험관에 취하고, 여기에 Urease를 소량 넣고 온도를 38°C로 조절하여 준 비이커 중의 물 속에 15분동안 담가 두어라(Urease는 요소만을 분해시키는 효소이다). 다음 이 용액에 네슬러 시약 3 ml를 가하여 주고 색깔을 조사하여 빛깔이 나타나면 암모늄염이 함유되어 있음을 알려준다. Urease는 요소를 탄산암모늄으로 가수 분해시켜 준다. 이 변화를 화학 방정식으로 기술하여라.

---

⑥ 유리 아미노산

실험 (1)-②에서의 쓴 용액 1 ml을 시험관에 취하고 밀론 시약 1 ml를 가하여 보아라. 색깔이 어떻게 변하는가?

이 결과는 무엇을 알 수 있게 하여 주는가?

---

⑦ 단백질

혈액 1 ml를 원심분리기의 분리 시험관에 넣고 원심 분리하여 고형물은 버리고 용액만을 취하여라. 이 용액은 무슨 빛깔인가?

이 용액 1 ml을 시험관에 취하고 증류 1 ml을 가하여 묽혀 주고, 여기에 10% NaOH 수용액 2 ml를 가하고 0.01 N $CuSO_4$ 수용액을 한 방울씩 가하면서 흔들어 보아라. 어떤 변화가 일어나는가?

혈액 중의 단백질은 어떤 역할을 하여 줄 것이라고 생각되는가?

실험-56	실험대 번호	학과 년 번		실험일자	제출일자	검인
		이름		년 월 일	년 월 일	

16장 콜로이드

실험-57. 콜로이드 용액의 제법

실험 목적

콜로이드 용액이란 그 크기가 10^{-7}~10^{-5}cm 정도인 입자가 분산매 중에 분산되어 있는 것을 말한다. 이 영역의 입자는 그 콜로이드 입자 고유의 성질에 따라 입자 표면에 (−) 또는 (+) 전기를 띄고 있다. 분산매와 분산질의 종류에 따라 여러 가지 콜로이드 용액이 생겨나게 되는데, 콜로이드 용액은 진용액과는 달리 입자가 크기 때문에 혼탁도를 나타내며, 대전되어 있는 입자 간의 반발로 오래 정치하여도 입자가 가라앉을 수가 없으므로 그 혼탁도가 그대로 유지된다. 또한 입자가 크기 때문에 반투막을 통과하여 나오지 못하며, 광의 조사를 받으면 입자에 산란되어 광로가 밝게 빛나는 성질을 가지고 있다. 또한 수용액 중에서는 콜로이드 입자가 띄고 있는 전기와 반대의 전극쪽으로 이동되어 가는 현상이 일어난다. 또한 금속염을 녹여 주면 콜로이드 입자가 금속 이온 주위에 모여 무거워지면 가라앉게 된다. 이 실험에서는 몇 가지 얻기 쉬운 콜로이드 용액을 만들어 다음 시험 시간까지 방치하였다가 그 성질을 조사하여 본다.

기 구

삼각 플라스크, 비이커, 시험관, 키프 장치(H_2S 발생용), 스탠드 및 링, 석면 그물망

시 약

0.1M As_2O_3, $FeCl_3$, NaOH, 젤라틴, 증류수

실험법 및 결과 보고

(1) **황화비소(Ⅲ) 콜로이드**

① 50 ml 삼각 플라스크에 0.1 M As_2O_3 수용액 5 ml를 취하여 넣고 증류수 20 ml를 가하여 묽혀 주어라.

② 이 용액을 후우드 중에 있는 H_2S 발생용 키프 장치에 연결하여 H_2S 기체를 포화시켜 주어라. 어떤 변화가 일어나는가?

---

③ 이 용액 2 ml를 시험관 옮기고 여기에 NaOH를 몇 방울 가하여 보아라. 변화가 있는가?

다음 시험관에 H_2S 기체를 더 통하여 보아라. 어떻게 되는가?

용액을 마개를 막아 실험대 위에 정치하여라. 맑아지는가?

---

(2) 수산화철(Ⅲ) 콜로이드

① 250 ml 비이커에 증류수 200 ml를 넣고 끓여라. 여기에 2 g의 $FeCl_3$를 10 ml의 증류수에 녹여 준 수용액을 한 방울씩 가하여 주어라. 어떤 변화가 일어나는가?

---

② 여기에 묽은 NaOH 수용액을 몇 방울 가하여 보아라. 어떻게 달라지는가?

---

(3) 젤라틴 수용액

① 시험관에 젤라틴 분말 2 g을 넣고 10 ml의 물을 가하여 불려라.

② 100 ml 삼각 플라스크에 증류수 50 ml를 넣고 끓여라. 여기에 물에 불은 젤라틴을 쏟아 넣어라. 어떻게 되는가?

---

(4) ① 앞에서 만들어 본 콜로이드 용액의 공통점은 무엇인가?

---

② 수소콜로이드와 친수콜로이드의 차이를 설명하여라.

(주) 앞에서 만든 콜로이드는 모두 삼각 플라스크에 넣고 마개를 막아, 다음 실험 시간까지 방치하여 두어라.

실험-57	실험대 번호	학과 년 번		실험일자	제출일자	검인
		이름		년 월 일	년 월 일	

실험-58. 콜로이드 용액의 성질

실험 목적

실험-54에서 만들어 두었든 콜로이드 용액을 가지고 콜로이드 용액의 몇 가지 성질을 조사하여 본다.

기 구

시험관, 삼각 플라스크, 깔때기, 거름종이, 셀로판 반투막, 스탠드 및 링

시 약

NaCl, Na_2SO_4, $Al_2(SO_4)_3$, 탄소분말, 메틸바이올렛, 녹말, 채종유, 석유, 비눗물

실험법 및 결과 보고

(1) 부라운 운동

① 실험-54에서 만들어 둔 콜로이드 용액을 각각 2 ml씩 시험관에 취하여 형광등 불빛에 대어 보아라. 입자의 움직임이 관찰되는가?

---

② 이 콜로이드 입자의 움직임을 효과적으로 관찰할 수 있는 장치를 고안하여 보아라.

---

(2) 염 석

① 세 가지 콜로이드 용액을 각각 세 시험관에 3 ml씩 취하여라. 먼저 황화비소 콜로이드를 취한 세 시험관에 0.1M NaCl, Na_2SO_4, $Al_2(SO_4)_3$ 수용액을 각각 한 방울씩 가하여 주면서 변화를 살펴 보아라. 콜로이드가 침전될 때까지 가하여 준 시약의 방울수를 세어 기록하라(침전이 생성되는 것은 큰 침전의 결정을 말하는 것이 아니라, 탁도가 더욱 진해지는 때를 말한다). 같은 요령의 실험을 수산화철 및 젤라틴 콜로이드 용액을 가지고 하여 보아 그 결과를 다음에 정리하여라.

	NaCl	Na_2SO_4	$Al_2(SO_4)_3$
As_2S_3 콜로이드			
$Fe(OH)_3$ 콜로이드			
젤라틴 콜로이드			

② 이 결과로써 각 콜로이드 입자가 어떤 전기를 띄고 있는지를 가름하여 보아라.

---

③ 황화 아연 콜로이드 5 ml 에 수산화철 콜로이드 5 ml 를 섞어 보아라. 어떻게 변화하는가?

왜 이러한 현상이 일어나는가?

실험 (2)-①의 결과와 이 사실을 결부시켜 입자가 띠고 있는 전기의 성질을 결정하라.

(3) 투 석

셀로판반투막으로 작은 주머니를 만들어 콜로이드 용액을 각각 5 ml 씩 넣고 실로 주둥이를 꼭 잡아 매어 진한 소금물에 15분동안 담가 두어라. 어떤 변화가 일어나는가?

왜 이러한 현상이 일어나는가?

(4) 보호 콜로이드

① 50 ml 삼각 플라스크에 채종유 5 ml 를 넣고 물 25 ml 를 가하여 주어라. 마개를 꼭 막고 세게 흔들어 주고 정치하여 두어라. 기름과 물이 섞이는가?

② 여기에 녹말을 소량 가하고 잘 흔들어 녹말을 풀어 준 다음 이 용액을 가온하여 주면서 잘 흔들어 주어라. 어떻게 되는가?

왜 이러한 현상이 일어나는가?

③ 앞에서와 같은 요령의 시험을 석유와 비눗물을 가지고 하여 보아라. 앞의 결과와 공통점이 있는가?

이 결과를 전기적인 성질로써 설명하여라.

(4) 흡 착

① 거름장치를 꾸미고 보통의 거름종이를 써서 세 가지 콜로이드 입자를 걸러보아라.

여액이 맑은가?

② 다음 콜로이드에 숯가루를 한 수저씩 넣고 메틸바이올렛 두 방울씩을 가하여 준 다음 잘 흔들어 주어라. 한동안 방치하였다가 실험 (4)-①에서와 같은 요령으로 걸러 보아라. 차이가 생기는가?

이러한 차이점은 무엇 때문에 생겨나는가?

흡착과 흡수의 차이점을 설명하여라.

<table>
<tr><td rowspan="2">실험-58</td><td>실험대 번호</td><td colspan="2">학과 년 번</td><td>실험일자</td><td>제출일자</td><td>검인</td></tr>
<tr><td></td><td>이름</td><td></td><td>년 월 일</td><td>년 월 일</td><td></td></tr>
</table>

3부 부 록 편

1. 물의 증기압

온 도(°C)	증기압(mmHg)	온 도(°C)	증기압(mmHg)	온 도(°C)	증기압(mmHg)
0	4.6	18	15.5	40	55.3
1	4.9	19	16.5	45	71.9
2	5.3	20	17.5	50	92.5
3	5.7	21	18.7	55	118.0
4	6.1	22	19.8	60	149.4
5	6.5	23	21.1	65	187.5
6	7.0	24	22.4	70	233.7
7	7.5	25	23.8	75	289.1
8	8.0	26	25.2	80	355.1
9	8.6	27	26.7	85	433.6
10	9.2	28	28.3	90	525.8
11	9.8	29	30.0	95	633.9
12	10.5	30	31.8	97	682.1
13	11.2	31	33.7	99	733.2
14	12.0	32	35.7	100	760.0
15	12.8	33	37.7	101	787.6
16	13.6	34	39.9		
17	14.5	35	42.2		

2. 물의 밀도

온 도(°C)	밀 도(g/ml)	온 도(°C)	밀 도(g/ml)	온 도(°C)	밀 도(g/ml)
0	0.99984	5	0.99999	10	0.99973
1	0.99993	6	0.99997	15	0.99913
2	0.99997	7	0.99993	20	0.99823
3	0.99999	8	0.99988	25	0.99707
4	1.00000	9	0.99981	30	0.99567

3. 염의 용해도

염의 종류	25°C	100°C	고체의 밀도
NH_4Cl	35	75.8	
$(NH_4)SO_4$	76	103.8	1.77
$(NH_4)_2Fe(SO_4)_2 \cdot 6H_2O$	27	73 (at 80°)	
$(NH_4)_2CuCl_4 \cdot 2H_2O$	40	99 (at 80°)	
$CuCl_2 \cdot 2H_2O$	75	107.9	
$CuSO_4 \cdot 5H_2O$	40	203	2.29
$NiSO_4 \cdot 6H_2O$	70	340.7	
K_2CrO_4		75.6	2.73
$K_2Cr_2O_7$	10	102	2.69
KNO_3	20	247	
K_2SO_4	12	24.1	2.66
$KAl(SO_4)_2 \cdot 12H_2O$	12	Infinite	
$K_2Ni(SO_4)_2 \cdot 6H_2O$	10	70	
$MnSO_4 \cdot 4H_2O$	136(16°)	169 (50°)	
$Na_2B_4O_7 \cdot 10H_2O$	5	201	
$NaC_2H_3O_3$	125	170	
Na_2CO_3	10	45.5	
$NaHCO_3$	8	16.4	
$NaCl$	36	39.1	2.16
$NaClO_3$	90	230	
$Na_2C_2O_4$	4	6.33	
$Na_2S_2O_3 \cdot 5H_2O$	90	291.1	

4. 평형정수(산, 염기 및 착이온)

① 산

Acetic acid	$HC_2H_3O_2 \longrightarrow H^+ + C_2H_3O_2$	1.86×10^{-5}
Benzoic acid	$C_6H_5COOH \longrightarrow C_6H_5COO^- + H^+$	6.6×10^{-5}
Boric acid	$H_3BO_3 \longrightarrow H^+ + H_2BO_3$	5.8×10^{-10}
Carbonic acid	$H_2CO_3 \longrightarrow H^+ + HCO_3^-$	4.4×10^{-7}
	$HCO_3^- \longrightarrow H^+ + CO_3^{2-}$	5.6×10^{-11}
Formic acid	$HCOOH \longrightarrow HCOO^- + H^+$	2.1×10^{-4}
Hydrocyanic acid	$HCN \longrightarrow H^+ + CN^-$	4.0×10^{-10}
Hydrosulfuric acid	$H_2S \longrightarrow H^+ + HS^-$	9.1×10^{-8}
	$HS^- \longrightarrow H^+ + S^{2-}$	1.2×10^{-15}
Nitrous acid	$HNO_2 \longrightarrow H^+ + NO_2^-$	4.5×10^{-4}
Oxalic acid	$HOOC-COOH \longrightarrow H^+ + OOC-COOH$	3.8×10^{-2}
	$OOC-COOH \longrightarrow H^+ + {}^-OOC-COO^-$	4.9×10^{-5}
Phosphoric acid	$H_3PO_4 \longrightarrow H^+ + H_2PO_4^-$	1.1×10^{-2}
	$H_2PO_4^- \longrightarrow H^+ + HPO_4^{2-}$	2.0×10^{-7}

Sulfurous acid	$HPO_4 \longrightarrow H^+ + PO_4^{3-}$	3.6×10^{-13}
	$H_2SO_3 \longrightarrow H^+ + HSO_3^-$	1.7×10^{-2}
	$HSO_3^- \longrightarrow H^+ + SO_3^{2-}$	1×10^{-7}

② 염기

Ammonia	$NH_3 + H_2O \longrightarrow NH_4^+ + OH^-$	1.75×10^{-5}
Methylamine	$CH_3NH_2 + H_2O \longrightarrow CH_3NH_3^+ + OH^-$	4.4×10^{-4}
Dimethylamine	$(CH_3)_2NH + H_2O \longrightarrow (CH_3)_2NH_2^+ + OH^-$	7.4×10^{-4}
Ethylamine	$C_2H_5NH_2 + H_2O \longrightarrow C_2H_5NH_3^+ + OH^-$	4.6×10^{-4}

③ 착이온의 불안정도 상수

$Ag(NH_3)_2^+ \longrightarrow Ag^+ + 2NH_3$	6.3×10^{-8}
$Cd(NH_3)_4^{2+} \longrightarrow Cd^{2+} + 4NH_3$	2.5×10^{-7}
$Co(NH_3)_6^{3+} \longrightarrow Co^{3+} + 6NH_3$	2×10^{-34}
$Cu(NH_3)_4^{2+} \longrightarrow Cu^{2+} + 4NH_3$	8.5×10^{-13}
$Ni(NH_3)_6^{2+} \longrightarrow Ni^{2+} + 6NH_3$	5×10^{-8}
$Zu(NH_3)_4^{2+} \longrightarrow Zn^{2+} + 4NH_3$	3×10^{-10}
$Ag(CN)_2^+ \longrightarrow Ag^+ + 2CN^-$	1.0×10^{-20}
$Cd(CN)_4^{2+} \longrightarrow Cd^{2+} + 4CN^-$	1.4×10^{-17}
$Fe(CN)_6^{-4} \longrightarrow Fe^{2+} + 6CN^-$	1.0×10^{-36}
$HgI_4^{2-} \longrightarrow Hg^{2+} + 41^-$	5×10^{-31}
$HgS_2^{2-} \longrightarrow Hg^{2+} + 2S^{2-}$	2×10^{-55}

5. 용해도적 상수(20°C)

	Formula	Substance	Constant
염화은	$AgCl$	Silver chloride	1.6×10^{-10}
황화은	Ag_2S	Silver sulfide	1×10^{-51}
수산화알루미늄	$Al(OH)_3$	Aluminum hydroxide	1.0×10^{-33}
탄산바륨	$BaCO_3$	Barium carbonate	5×10^{-9}
황산바륨	$BaSO_4$	Barium sulfate	1.1×10^{-10}
황화카드뮴	CdS	Cadmium sulfate	7.8×10^{-27}
탄산칼슘	$CaCO_3$	Calcium carbonate	4.8×10^{-9}
취화칼슘	CaF_2	Calcium fluoride	3.5×10^{-11}
황산칼슘	$CaSO_4$	Calcium sulfate	3.2×10^{-4}
황화구리	CuS	Cupric sulfide	9×10^{-36}
수산화제2철	$Fe(OH)_3$	Ferric hydroxide	1×10^{-38}
수산화제1철	$Fe(OH)_2$	Ferrous hydroxide	1.6×10^{-14}
황화철	FeS	Ferrous sulfide	1×10^{-22}
황화수은	HgS	Mercuric sulfide	1×10^{-54}
탄산마그네슘	$MgCO_3$	Magnesium carbonate	1.0×10^{-5}
황화니켈	Nis	Nickel sulfide	1.8×10^{-21}

황 화 납	PbS	Lead sulfide	1×10^{-28}
탄 산 납	$PbCO_3$	Lead carbonate	3.3×10^{-14}
탄산스트로늄	$SrCO_3$	Strontium carbonate	1.6×10^{-9}
황산스트로늄	$SrSO_4$	Strontium sulfate	3.8×10^{-7}
탄 산 주 석	$SnCO_3$	Stannous carbonate	1.0×10^{-9}
황 화 아 연	ZnS	Zinc sulfide	1.1×10^{-2}

6. 지시약의 변색과 pH 범위

지 시 약	pH 범 위	변 색	용 매
Methyl viloet	0.2~3.0	황, 청, 보라색	H_2O
Thymol blue	1.2~2.8	적색에서 황 색	H_2O(+NaOH)
Benzopurpurin 4B	1.2~4.0	보라색에서 적 색	20 % Alcohol
Methyl orange	3.1~4.4	적색에서 등황색	H_2O
Brom phenol blue	3.0~4.6	황색에서 청자색	H_2O(+NaOH)
Congo red	3.0~5.0	청색에서 적 색	70 % Alcohol
Brom cresol green	3.8~5.4	황색에서 청 색	H_2O(+NaOH)
Methyl red	4.4~6.2	적색에서 황 색	H_2O(+NaOH)
Chlorphenol red	4.8~6.8	황색에서 적 색	H_2O(+NaOH)
Brom cresol purple	5.2~6.8	황색에서 적자색	H_2O(+NaOH)
Litmus	4.5~8.3	적색에서 청 색	H_2O
Brom thylmol blue	6.0~7.6	황색에서 청 색	H_2O(+NaOH)
Phenol red	6.8~8.2	황색에서 적 색	H_2O(+NaOH)
Thymol blue	8.0~9.6	황색에서 청 색	H_2O(+NaOH)
Phenol phthalein	8.3~10.0	무색에서 적 색	70 % Alcohol
Thymol phthalein	9.3~10.5	황색에서 청 색	70 % Alcohol
Alizarin yellow R	10.0~12.0	황색에서 적 색	95 % Alcohol
Indigo carmine	11.4~13.0	청색에서 황 색	50 % Alcohol
Trinitrobenzene	12.0~14.0	무색에서 등 색	70 % Alcohol

7. 표준 산화 전위

산의 용해 (In Acidic Solution)

산 화 반 응	산 화 전 위 (°V)
$Li \rightleftarrows Li^+ + e^-$	3.045
$K \rightleftarrows K^+ + e^-$	2.925
$Rb \rightleftarrows Rb^+ + e^-$	2.925
$Cs \rightleftarrows Cs^+ + e^-$	2.923
$Ba \rightleftarrows Ba^{2+} + 2e^-$	2.90
$Sr \rightleftarrows Sr^{2+} + 2e^-$	2.89
$Ca \rightleftarrows Ca^{2+} + 2e^-$	2.87
$Na \rightleftarrows Na^+ + e^-$	2.714

$Mg \rightleftarrows Mg^{2+}+2e^-$	2.37
$Al \rightleftarrows Al^{3+}+3e^-$	1.66
$Ti \rightleftarrows Ti^{2+}+2e^-$	1.63
$Zr \rightleftarrows Zr^{4+}+4e^-$	1.53
$Mn \rightleftarrows Mn^{2+}+2e^-$	1.18
$V \rightleftarrows V^{2+}+2e^-$	ca. 1.18
$Zn \rightleftarrows Zn^{2+}+2e^-$	0.763
$Cr \rightleftarrows Cr^{3+}+3e^-$	0.74
$Fe \rightleftarrows Fe^{2+}+2e^-$	0.440
$Cd \rightleftarrows Cd^{2+}+2e^-$	0.403
$Co \rightleftarrows Co_2{}^{+}+2e^-$	0.277
$Ni \rightleftarrows Ni^{2+}+2e^-$	0.250
$Mo \rightleftarrows Mo^{3+}+3e^-$	ca. 0.2
$Sn \rightleftarrows Sn^{2+}+2e^-$	0.136
$Pb \rightleftarrows Pb^{2+}+2e^-$	0.126
$H_2 \rightleftarrows 2H^++2e^-$	0.00
$Sn^{2+} \rightleftarrows Sn^{4+}+2e^-$	−0.15
$Cu^+ \rightleftarrows Cu^{2+}+e^-$	−0.153
$Bi+H_2O \rightleftarrows BiO^++2H^++3e^-$	−0.32
$Cu \rightleftarrows Cu^{2+}+2e^-$	−0.337
$S+3H_2O \rightleftarrows H_2SO_3+4H^++4e^-$	−0.45
$Cu \rightleftarrows Cu^++e^-$	−0.521
$2I^- \rightleftarrows I_2+2e^-$	−0.538
$Fe_2{}^{+} \rightleftarrows Fe^{3+}+e^-$	−0.771
$Ag \rightleftarrows Ag^++e^-$	−0.7991
$Pd \rightleftarrows P^+d^2+2e^-$	−0.987
$Au \rightleftarrows Au^{3+}+3e^-$	−1.50
$Mn^{2+} \rightleftarrows Mn^{3+}+e$	−1.51
$Au \rightleftarrows Au^++e^-$	ca. −1.68
$2F^- \rightleftarrows F_2+2e^-$	−2.87

염의 용해

산 화 반 응	산 화 전 위 (°V)
$Ca+2OH^- \rightleftarrows Ca(OH)_2+2e^-$	3.03
$Sr+2OH^-+8H_2O \rightleftarrows Sr(OH)_2\cdot 8H_2O+2e^-$	2.99
$Ba+2OH^-+8H_2O \rightleftarrows Ba(OH)_2\cdot 8H_2O+2e^-$	2.97
$Mg+2OH^- \rightleftarrows Mg(OH)_2+2e^-$	2.69
$Zn+2OH^- \rightleftarrows Zn(OH)_2+2e^-$	1.245
$Sn+3OH^- \rightleftarrows HSnO_2{}^-+H_2O+2e^-$	0.91
$NO_2{}^-+2OH^- \rightleftarrows NO_3{}^-+H_2O+2e^-$	−0.01
$ClO_3{}^-+2OH^- \rightleftarrows ClO_4{}^-+H_2O+2e^-$	−0.36
$I^-+2OH^- \rightleftarrows IO^-+H_2O+2e^-$	−0.49
$MnO_2+4OH^- \rightleftarrows MnO_4{}^{2-}+2H_2O+2e^-$	−0.60
$Cl^-+2OH^- \rightleftarrows ClO^-+H_2O+2e^-$	−0.89

실 험 기 구

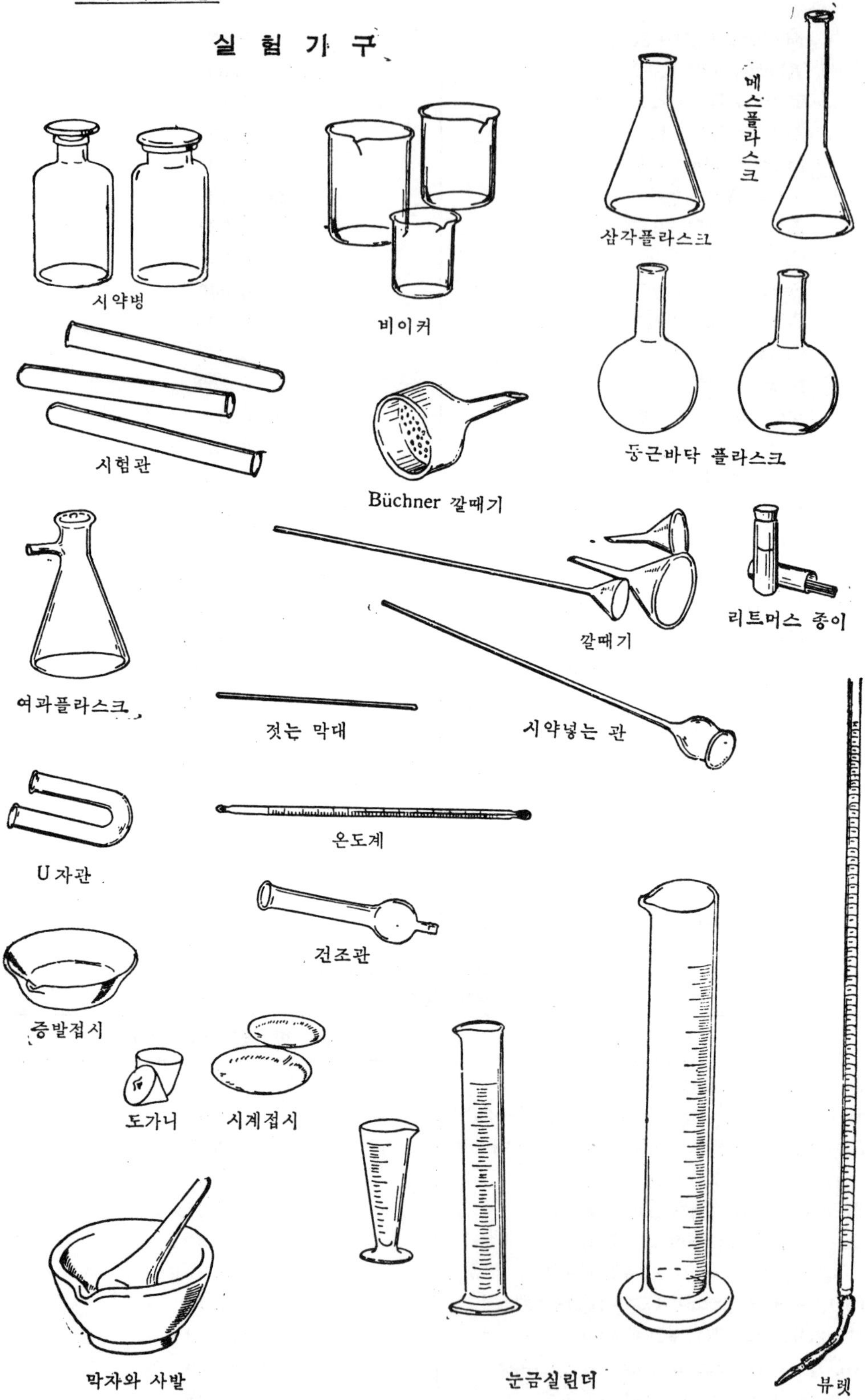
메스플라스크
시약병
비이커
삼각플라스크
시험관
Büchner 깔때기
둥근바닥 플라스크
깔때기
리트머스 종이
여과플라스크
젓는 막대
시약넣는 관
U자관
온도계
건조관
증발접시
도가니
시계접시
막자와 사발
눈금실린더
뷰렛

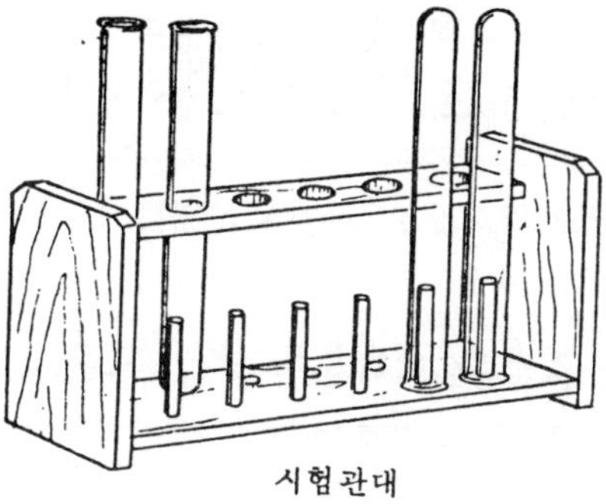

시험관대

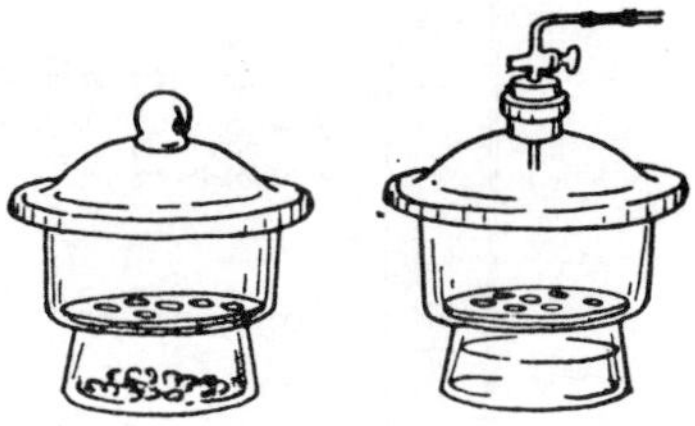

데시케이터

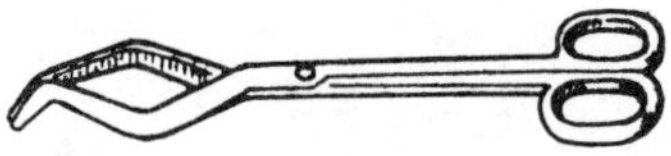

도가니집게

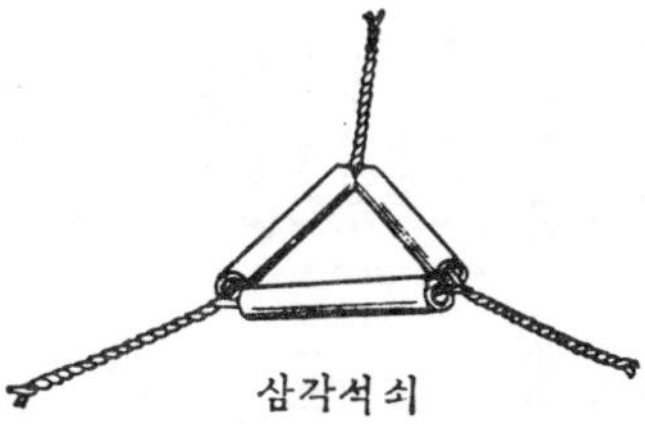

삼각석쇠

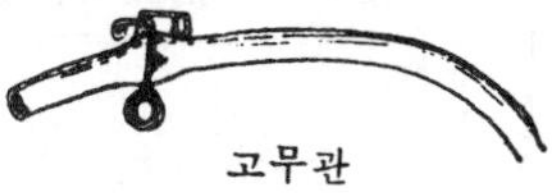

고무관

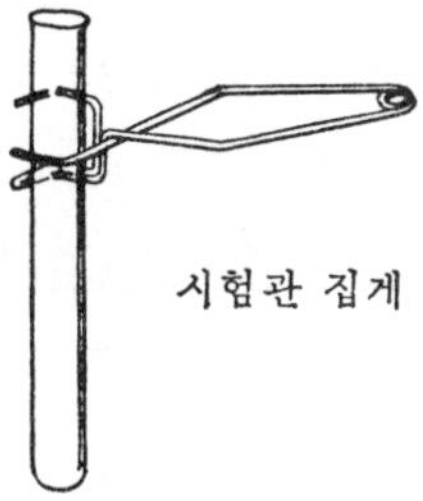

시험관 집게

쇠그물

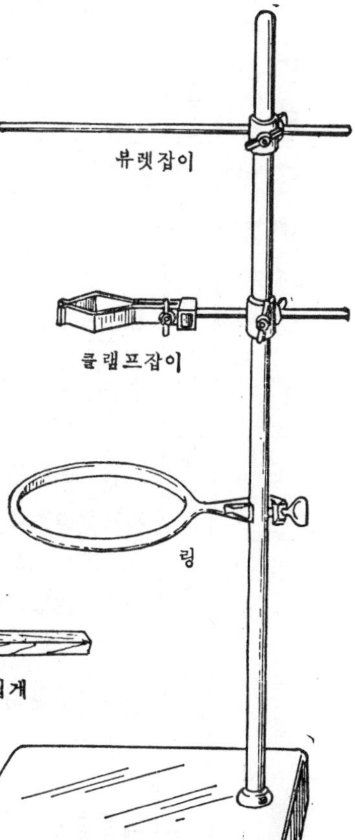

뷰렛잡이

클램프잡이

링

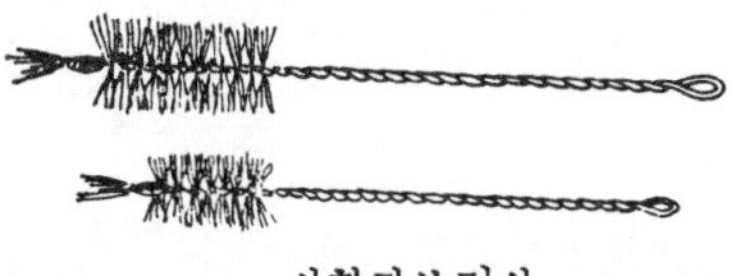

시험관브러시

삼각줄

시험관 집게

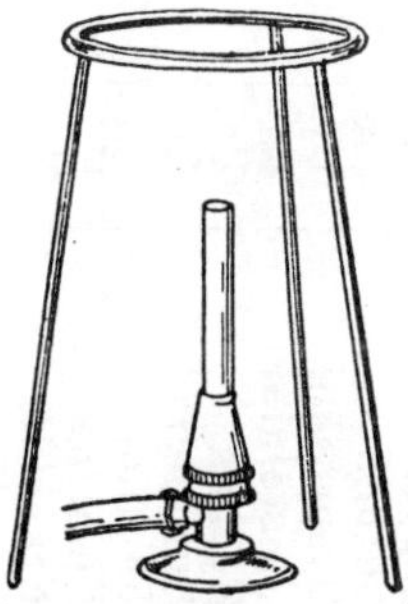

버어니

알코올 램프

원 자 량 표

(탄 소 기 준)

원 소	원소기호	원자번호	원 자 량	원 소	원소기호	원자번호	원 자 량	원 소	원소기호	원자번호	원 자 량
Actinium	**Ac**	89	227	**Hafnium**	**Hf**	72	178.49	**Promethium**	**Pm**	61	[145]
Aluminum	**Al**	13	26.9815	**Helium**	**He**	2	4.0026	**Protactinium**	**Pa**	91	231
Americium	**Am**	95	[243]	**Holmium**	**Ho**	67	164.930	**Radium**	**Ra**	88	226.05
Antimony	**Sb**	51	121.75	**Hydrogen**	**H**	1	1.00797	**Radon**	**Rn**	86	222
Argon	**Ar**	18	39.948	**Indium**	**In**	49	114.82	**Rhenium**	**Re**	75	186.2
Arsenic	**As**	33	74.9216	**Iodine**	**I**	53	126.9044	**Rhodium**	**Rh**	45	102.905
Astatine	**At**	85	[210]	**Iridium**	**Ir**	77	192.2	**Rubidium**	**Rb**	37	85.47
Barium	**Ba**	56	137.34	**Iron**	**Fe**	26	55.847	**Ruthenium**	**Ru**	44	101.07
Berkelium	**Bk**	97	[249]	**Krypton**	**Kr**	36	83.80	**Samarium**	**Sm**	62	150.35
Beryllium	**Be**	4	9.0122	**Lanthanum**	**La**	57	138.91	**Scandium**	**Sc**	21	44.956
Bismuth	**Bi**	83	208.980	**Lawrencium**	**Lw**	103	[257]	**Selenium**	**Se**	34	78.96
Boron	**B**	5	10.811	**Lead**	**Pb**	82	207.19	**Silicon**	**Si**	14	28.086
Bromine	**Br**	35	79.909	**Lithium**	**Li**	3	6.939	**Silver**	**Ag**	47	107.870
Cadmium	**Cd**	48	112.40	**Lutetium**	**Lu**	71	174.97	**Sodium**	**Na**	11	22.9898
Calcium	**Ca**	20	40.08	**Magnesium**	**Mg**	12	24.312	**Strontium**	**Sr**	38	87.62
Californium	**Cf**	98	[251]	**Manganese**	**Mn**	25	54.9380	**Sulfur**	**S**	16	32.064
Carbon	**C**	6	12.01115	**Mendelevium**	**Md**	101	[256]	**Tantalum**	**Ta**	73	180.948
Cerium	**Ce**	58	140.12	**Mercury**	**Hg**	80	200.59	**Technetium**	**Tc**	43	[99]
Cesium	**Cs**	55	132.905	**Molybdenum**	**Mo**	42	95.94	**Tellurium**	**Te**	52	127.60
Chlorine	**Cl**	17	35.453	**Neodymium**	**Nd**	60	144.24	**Terblum**	**Tb**	65	158.924
Chromium	**Cr**	24	51.996	**Neon**	**Ne**	10	20.183	**Thallium**	**Tl**	81	204.37
Cobalt	**Co**	27	58.9332	**Neptunium**	**Np**	93	[237]	**Thorium**	**Th**	90	232.038
Copper	**Cu**	29	63.54	**Nickel**	**Ni**	28	58.71	**Thulium**	**Tm**	69	168.934
Curium	**Cm**	96	[247]	**Niobium**	**Nb**	41	92.906	**Tin**	**Sn**	50	118.69
Dysprosium	**Dy**	66	162.50	**Nitrogen**	**N**	7	14.0067	**Titanium**	**Ti**	22	47.90
Einsteinium	**Es**	99	[254]	**Nobelium**	**No**	102	[253]	**Tungsten**	**W**	74	183.85
Erbium	**Er**	68	167.26	**Osmium**	**Os**	76	190.2	**Uranium**	**U**	92	238.03
Europium	**Eu**	63	151.96	**Oxygen**	**O**	8	15.9994	**Vanadium**	**V**	23	50.942
Fermium	**Fm**	100	[253]	**Palladium**	**Pd**	46	106.4	**Xenon**	**Xe**	54	131.30
Fluorine	**F**	9	18.9984	**Phosphorus**	**P**	15	30.9738	**Ytterbium**	**Yb**	70	173.04
Francium	**Fr**	87	[223]	**Platinum**	**Pt**	78	195.09	**Yttrium**	**Y**	39	88.905
Gadolinium	**Gd**	64	157.25	**Plutonium**	**Pu**	94	[242]	**Zinc**	**Zn**	30	65.37
Gallium	**Ga**	31	69.72	**Polonium**	**Po**	84	210	**Zirconium**	**Zr**	40	91.22
Germanium	**Ge**	32	72.59	**Potassium**	**K**	19	39.102				
Gold	**Au**	79	196.967	**Praseodymium**	**Pr**	59	140.907				

원소의 주기율표

전형원소 | 전위원소 | 전형원소 | 희유가스

족 :		Ia	IIa	IIIb	IVb	Vb	VIb	VIIb	VIII			Ib	IIb	IIIa	IVa	Va	VIa	VIIa	0
주기	부 준 위	s^1	s^2	$d^1s^2f^x$	d^2s^2	$(d^3s^2)^*$	$(d^5s^1)^*$	d^5s^2	$(d^6s^2)^*$	$(d^7s^2)^*$	$(d^8s^2)^*$	s^1d^{10}	s^2	s^2p^1	s^2p^2	s^2p^3	s^2p^4	s^2p^5	s^2p^6
$n=1$	1s	1 H 1.0077																	2 He 4.0026
$n=2$	3s2p	3 Li 6.939	4 Be 9.0122											5 B 11.811	6 C 12.01115	7 N 14.0067	8 O 15.9994	9 F 18.9984	10 Ne 20.183
$n=3$	3s3p	11 Na 22.9898	12 Mg 24.312											13 Al 26.9815	14 Si 28.086	15 P 30.49738	16 S 32.064	17 Cl 35.453	18 Ar 39.948
$n=4$	4s3d4p	19 K 39.102	20 Ca 40.08	21 Sc 44.956	22 Ti 47.90	23 V 50.942	24 Cr 51.996	25 Mn 54.9380	26 Fe 55.847	27 Co 58.9332	28 Ni 58.71	29 Cu 63.54	30 Zn 65.37	31 Ga 69.72	32 Ge 72.59	33 As 74.9216	34 Se 78.96	35 Br 79.909	36 Kr 83.80
$n=5$	5s4d5p	37 Rb 85.47	38 Sr 87.62	39 Y 88.905	40 Zr 91.22	41 Nb 92.906	42 Mo 95.94	43 Tc 99	44 Ru 101.07	4 Kh 102.905	46 Pd 106.4	47 Ag 107.870	48 Cd 112.40	49 In 114.82	50 Sn 118.69	51 Sb 121.75	52 Te 127.60	53 I 126.9044	54 Xe 131.30
$n=6$	6s4f5d6p	55 Cs 132.905	56 Ba 137.34	57−71 ☆	72 Hf 178.49	73 Ta 180.948	74 W 183.85	75 Re 186.2	76 Os 190.2	77 Ir 192.2	78 Pt 195.09	79 Au 196.967	80 Hg 200.59	81 Tl 204.37	82 Pb 207.19	83 Bi 208.980	84 Po 210	85 At 210	86 Rn 222
$n=7$	7s5f6d7p	87 Fr 223	88 Ra 226	89−103 ★															

내부전위원소—f

☆Lanthanide Series	57 La 138.91	58 Ce 140.12	59 Pr 140.907	60 Nd 144.24	61 Pm 145	62 Sm 150.35	63 Eu 151.96	64 Gd 157.25	65 Tb 158.924	66 Dy 166.50	67 Ho 164.930	68 Er 167.26	69 Tm 168.934	70 Yb 713.04	71 Lu 174.97
★Actinide Series	89 Ac 227	90 Th 232.038	91 Pa 231	92 U 238.03	93 Np 237	94 Pu 242	95 Am 243	96 Cm 247	97 Bk 247	98 Cf 249	99 Es 254	100 Fm 253	101 Md 255	102 No 254	103 Lw 257

＊ 변동하는 전자각

상 용

No.	0	1	2	3	4	5	6	7	8	9	1	2	3	4	5	6	7	8	9
10	0000	0043	0086	0128	0170	0212	0253	0294	0334	0374	4	8	12	17	21	25	29	33	37
11	0414	0453	0492	0531	0569	0607	0645	0682	0719	0755	4	8	11	15	19	23	26	30	34
12	0792	0828	0864	0899	0934	0969	1004	1038	1072	1106	3	7	10	14	17	21	24	28	31
13	1139	1173	1206	1239	1271	1303	1335	1367	1399	1430	3	6	10	13	16	19	23	26	29
14	1461	1492	1523	1553	1584	1614	1644	1673	1703	1732	3	6	9	12	15	18	21	24	27
15	1761	1790	1818	1847	1875	1903	1931	1959	1987	2014	3	6	8	11	14	17	20	22	25
16	2041	2068	2095	2122	2148	2175	2201	2227	2253	2279	3	5	8	11	13	16	18	21	24
17	2304	2330	2355	2380	2405	2430	2455	2480	2504	2529	2	5	7	10	12	15	17	20	22
18	2553	2577	2601	2625	2648	2672	2695	2718	2742	2765	2	5	7	9	12	14	16	19	21
19	2788	2810	2833	2856	2878	2900	2923	2945	2967	2989	2	4	7	9	11	13	16	18	20
20	3010	3032	3054	3075	3096	3118	3139	3160	3181	3201	2	4	6	8	11	13	15	17	19
21	3222	3243	3263	3284	3304	3324	3345	3365	3385	3404	2	4	6	8	10	12	14	16	18
22	3424	3444	3464	3483	3502	3522	3541	3560	3579	3598	2	4	6	8	10	12	14	15	17
23	3617	3636	3655	3674	3692	3711	3729	3747	3766	3784	2	4	6	7	9	11	13	15	17
24	3802	3820	3838	3856	3874	3892	3909	3927	3945	3962	2	4	5	7	9	11	12	14	16
25	3979	3997	4014	4031	4048	4065	4082	4099	4116	4133	2	3	5	7	9	10	12	14	15
26	4150	4166	4183	4200	4216	4232	4249	4265	4281	4298	2	3	5	7	8	10	11	13	15
27	4314	4330	4346	4362	4378	4393	4409	4425	4440	4456	2	3	5	6	8	9	11	13	14
28	4472	4487	4502	4518	4533	4548	4564	4579	4594	4609	2	3	5	6	8	9	11	12	14
29	4624	4639	4654	4669	4683	4698	4713	4728	4742	4757	1	3	4	6	7	9	10	12	13
30	4771	4786	4800	4814	4829	4843	4857	4871	4886	4900	1	3	4	6	7	9	10	11	13
31	4914	4928	4942	4955	4969	4983	4997	5011	5024	5038	1	3	4	6	7	8	10	11	12
32	5051	5065	5079	5092	5105	5119	5132	5145	5159	5172	1	3	4	5	7	8	9	11	12
33	5185	5198	5211	5224	5237	5250	5263	5276	5289	5302	1	3	4	5	6	8	9	10	12
34	5315	5328	5340	5353	5366	5378	5391	5403	5416	5428	1	3	4	5	6	8	9	10	11
35	5441	5453	5465	5478	5490	5502	5514	5527	5539	5551	1	2	4	5	6	7	9	10	11
36	5563	5575	5587	5599	5611	5623	5635	5647	5658	5670	1	2	4	5	6	7	8	10	11
37	5682	5694	5705	5717	5729	5740	5752	5763	5775	5786	1	2	3	5	6	7	8	9	10
38	5798	5809	5821	5832	5843	5855	5866	5877	5888	5899	1	2	3	5	6	7	8	9	10
39	5911	5922	5933	5944	5955	5966	5977	5988	5999	6010	1	2	3	4	5	7	8	9	10
40	6021	6031	6042	6053	6064	6075	6085	6096	6107	6117	1	2	3	4	5	6	8	9	10
41	6128	6138	6149	6160	6170	6180	6191	6201	6212	6222	1	2	3	4	5	6	7	8	9
42	6232	6243	6253	6263	6274	6284	6294	6304	6314	6325	1	2	3	4	5	6	7	8	9
43	6335	6345	6355	6365	6375	6386	6395	6405	6415	6425	1	2	3	4	5	6	7	8	9
44	6435	6444	6454	6464	6474	6484	6493	6503	6513	6522	1	2	3	4	5	6	7	8	9
45	6532	6542	6551	6561	6571	6580	6590	6599	6609	6618	1	2	3	4	5	6	7	8	9
46	6628	6637	6646	6656	6665	6675	6684	6693	6702	6712	1	2	3	4	5	6	7	7	8
47	6721	6730	6739	6749	6758	6767	6776	6785	6794	6803	1	2	3	4	5	5	6	7	8
48	6812	6821	6830	6839	6848	6857	6866	6875	6884	6893	1	2	3	4	4	5	6	7	8
49	6902	6911	6920	6928	6937	6946	6955	6964	6972	6981	1	2	3	4	4	5	6	7	8
50	6990	6998	7007	7016	7024	7033	7042	7050	7059	7067	1	2	3	3	4	5	6	7	8
51	7076	7084	7093	7101	7110	7118	7126	7135	7143	7152	1	2	3	3	4	5	6	7	8
52	7160	7168	7177	7185	7193	7202	7210	7218	7226	7235	1	2	2	3	4	5	6	7	7
53	7243	7251	7259	7267	7275	7284	7292	7300	7308	7316	1	2	2	3	4	5	6	6	7
54	7324	7332	7340	7348	7356	7364	7372	7380	7388	7396	1	2	2	3	4	5	6	6	7
No.	0	1	2	3	4	5	6	7	8	9	1	2	3	4	5	6	7	8	9

대 수 표

No.	0	1	2	3	4	5	6	7	8	9	1	2	3	4	5	6	7	8	9
55	7404	7412	7419	7427	7435	7443	7451	7459	7466	7474	1	2	2	3	4	5	5	6	7
56	7482	7490	7497	7505	7513	7520	7528	7536	7543	7551	1	2	2	3	4	5	5	6	7
57	7559	7566	7574	7582	7589	7597	7604	7612	7619	7627	1	2	2	3	4	5	5	6	7
58	7634	7642	7649	7657	7664	7672	7679	7686	7694	7701	1	1	2	3	4	4	5	6	7
59	7709	7716	7723	7731	7738	7745	7752	7760	7767	7774	1	1	2	3	4	4	5	6	7
60	7782	7789	7796	7803	7810	7818	7825	7832	7839	7846	1	1	2	3	4	4	5	6	6
61	7853	7860	7868	7875	7882	7889	7896	7903	7910	7917	1	1	2	3	4	4	5	6	6
62	7924	7931	7938	7945	7952	7959	7966	7973	7980	7987	1	1	2	3	3	4	5	6	6
63	7992	8000	8007	8014	8021	8028	8035	8041	8048	8055	1	1	2	3	3	4	5	5	6
64	8062	8069	8075	8082	8089	8096	8102	8109	8116	8122	1	1	2	3	3	4	5	5	6
65	8129	8136	8142	8149	8156	8162	8169	8176	8182	8189	1	1	2	3	3	4	5	5	6
66	8195	8202	8209	8215	8222	8228	8235	8241	8248	8254	1	1	2	3	3	4	5	5	6
67	8261	8267	8274	8280	8287	8293	8299	8306	8312	8319	1	1	2	3	3	4	5	5	6
68	8325	8331	8338	8344	8351	8357	8363	8370	8376	8382	1	1	2	3	3	4	4	5	6
69	8388	8395	8401	8407	8414	8420	8426	8432	8439	8445	1	1	2	2	3	4	4	5	6
70	8451	8457	8463	8470	8476	8482	8488	8494	8500	8506	1	1	2	2	3	4	4	5	6
71	8513	8519	8525	8531	8537	8543	8549	8555	8561	8567	1	1	2	2	3	4	4	5	5
72	8573	8579	8585	8591	8597	8603	8609	8615	8621	8627	1	1	2	2	3	4	4	5	5
73	8633	8639	8645	8651	8657	8663	8669	8675	8681	8686	1	1	2	2	3	4	4	5	5
74	8692	8698	8704	8710	8716	8722	8727	8733	8739	8745	1	1	2	2	3	4	4	5	5
75	8751	8756	8762	8768	8774	8779	8785	8791	8797	8802	1	1	2	2	3	3	4	5	5
76	8808	8814	8820	8825	8831	8837	8842	8848	8854	8859	1	1	2	2	3	3	4	5	5
77	8865	8871	8876	8882	8887	8893	8899	8904	8910	8915	1	1	2	2	3	3	4	4	5
78	8921	8927	8932	8938	8943	8949	8954	8960	8965	8971	1	1	2	2	3	3	4	4	5
79	8976	8982	8987	8993	8998	9004	9009	9015	9020	9025	1	1	2	2	3	3	4	4	5
80	9031	9036	9042	9047	9053	9058	9063	9069	9074	9079	1	1	2	2	3	3	4	4	5
81	9085	9090	9096	9101	9106	9112	9117	9122	9128	9133	1	1	2	2	3	3	4	4	5
82	9138	9143	9149	9154	9159	9165	9170	9175	9180	9186	1	1	2	2	3	3	4	4	5
83	9191	9196	9201	9206	9212	9217	9222	9227	9232	9238	1	1	2	2	3	3	4	4	5
84	9243	9248	9253	9258	9263	9269	9274	9279	9284	9289	1	1	2	2	3	3	4	4	5
85	9294	9299	9304	9309	9315	9320	9325	9330	9335	9340	1	1	2	2	3	3	4	4	5
86	9345	9350	9355	9360	9365	9370	9375	9380	9385	9390	1	1	2	2	3	3	4	4	5
87	9395	9400	9405	9410	9415	9420	9425	9430	9435	9440	0	1	1	2	2	3	3	4	4
88	9445	9450	9455	9460	9465	9469	9474	9479	9484	9489	0	1	1	2	2	3	3	4	4
89	9494	9499	9504	9509	9513	9518	9523	9528	9533	9538	0	1	1	2	2	3	3	4	4
90	9542	9547	9552	9557	9562	9566	9571	9576	9581	9586	0	1	1	2	2	3	3	4	4
91	9590	9595	9600	9605	9609	9614	9619	9624	9628	9633	0	1	1	2	2	3	3	4	4
92	9638	9643	9647	9652	9657	9661	9666	9671	9675	9680	0	1	1	2	2	3	3	4	4
93	9685	9689	9694	9699	9703	9708	9713	9717	9722	9727	0	1	1	2	2	3	3	4	4
94	9731	9736	9741	9745	9750	9754	9759	9763	9768	9773	0	1	1	2	2	3	3	4	4
95	9777	9782	9786	9791	9795	9800	9805	9809	9814	9818	0	1	1	2	2	3	3	4	4
96	9823	9827	9832	9836	9841	9845	9850	9854	9859	9863	0	1	1	2	2	3	3	4	4
97	9868	9872	9877	9881	9886	9890	9894	9899	9903	9908	0	1	1	2	2	3	3	4	4
98	9912	9917	9921	9926	9930	9934	9939	9943	9948	9952	0	1	1	2	2	3	3	4	4
99	9956	9961	9965	9969	9974	9978	9983	9987	9991	9996	0	1	1	2	2	3	3	3	4
No.	0	1	2	3	4	5	6	7	8	9	1	2	3	4	5	6	7	8	9

일반화학실험법

1981년 2월 5일 초판 발행
2008년 3월 15일 7쇄 발행

• 편저자 이 길 상
• 발행인 최 국 주
• 발행처 동 명 사

경기도 파주시 교하읍 문발리 파주출판단지 30블록 4롯트
전 화 : 031) 955-7200(代), 955-7201~4, 7203 (편집부)
팩시밀리 : 031) 955-7205
출판등록 : 1950년 11월 1일(제1-76호)
e-mail : dms723@chol.com
홈페이지 : www.dmsbook.com

정가 **10,000**원

◂ 무단 복사 및 복제를 절대 금함 ▸

ISBN 978-89-411-4103-7 93430